KB005381

초등
입학
데일리북

초등입학 데일리북

초판 1쇄 인쇄 2024년 1월 23일
초판 1쇄 발행 2024년 1월 30일

지은이 김성효
펴낸이 이범상

펴낸곳 (주)비전비엔피 · 이덴슬리벨
기획 편집 차재호 김승희 김혜경 한윤지 박성아 신은정
디자인 김혜림 최원영 이민선
마케팅 이성호 이병준 문세희
전자책 김성화 김희정 안상희 김낙기
관리 이다정

주소 우)04034 서울특별시 마포구 잔다리로7길 12 1F
전화 02)338-2411 | **팩스** 02)338-2413
홈페이지 www.visionbp.co.kr
이메일 visioncorea@naver.com
원고투고 editor@visionbp.co.kr
인스타그램 www.instagram.com/visionbnp
포스트 post.naver.com/visioncorea

등록번호 제2009-000096호

ISBN 979-11-91937-40-4 03590

• 값은 뒤표지에 있습니다.
• 파본이나 잘못된 책은 구입처에서 교환해 드립니다.

초등 입학 데일리북

베테랑 현직 교사가 알려주는 똑똑한 입학준비

김성효 지음

이덴슬리벨

자녀의 초등학교 입학을 걱정하고 있다면

2020년 한 조사에서 초등학교 입학을 앞둔 학부모 3천 명에게 가장 걱정되는 것이 무엇인지 물었습니다[1]. 그랬더니, 학부모들은 자녀 스스로 학교에서 문제 해결을 할 수 있을지(56.80%), 교우관계에는 문제가 없을지(50.20%) 등을 꼽았습니다. 한글을 깨치고 학교에 가야 한다고 생각하는 학부모는 무려 81%였습니다. 초등 입학을 앞둔 학부모 대부분이 아이가 학교에 잘 적응할지, 친구는 잘 사귈지, 학교에서 공부는 잘할지 등을 걱정한다는 뜻이지요.

하긴 누군들 안 그럴까요. 저도 그랬습니다. 저는 두 아이를 키우는 직장맘입니다. 초등학교에서만 교직 생활을 27년째 하고 있고, 교사와 학부모, 학생을 대상으로 책도 많이 썼습니다. 하지만 그런 저도 아이들을 초등학교에 입학시킬 때 무엇을 어떻게 준비해야 할지 잘 몰랐답니다. 저 자신은 초등교사이기 때문에 초등학교가 어떤 곳인지 잘 알고 있었지만, 정작 저희 아이들은 저와 다르다는 걸 미처 생각하지 못했습니다. 초등 1학년은 매일이 적응이고, 관계이고, 습관인데 말이지요.

큰아이는 한글을 전혀 안 가르치고 학교에 보냈습니다. 초등학교가 어떤 곳인지도 잘 모르는 아이는 이런저런 어려움을 겪어야 했습니다. 그런 아이를 옆에서 지켜보

---

1) http://www.e2news.com/news/articleView.html?idxno=227300 예비 초등맘의 가장 큰 걱정은 "학교생활 잘 적응할지"

면서 안타까울 때가 많았습니다. 이 과정을 겪은 다음, 작은아이는 책을 많이 읽어 주면서 글자에 흥미를 갖게 하다가 입학 직전 두세 달 정도 한글을 가르쳐서 보냈습니다. 작은아이는 공부에 자신감이 넘치는 만큼 학교생활도 더 수월했고, 적응도 잘했습니다. 엄마인 저의 시행착오가 없었다면 분명 큰아이도 한결 수월하게 초등학교에 적응했을 거라는 걸 지금은 잘 압니다.

이 책을 읽는 독자분들도 저와 비슷할 거라고 생각합니다. 부모가 잘 몰라서 아이가 직접 겪고 부딪치게 될 시행착오나 실수를 줄이고 아이가 학교에 잘 다니길 바라실 겁니다. 미리 조금씩 준비해서 자신감 있고 당당하게 학교에 다닐 수 있다면 부모도 아이도 더 행복하고 즐거울 것이고요.

이 책은 그런 까닭에서 썼습니다. 이 책을 여타의 다른 초등 입학준비 책과 다르게, 100일이라는 시간 동안 매일 조금씩 초등학교에 익숙해지도록 구성한 이유이기도 합니다. 우리 뇌는 적응하고 습관으로 자리잡는 데 적어도 66일 이상의 시간이 필요하다고 합니다. 급한 입학준비가 아이의 실제적인 적응으로 이어지기 어려운 이유입니다.

이런 원리를 잘 알고 있기에 이 책을 쓸 때도 습관 형성을 고려하였습니다. 아이의 신체적 적응활동, 학습적 준비, 정서적 관계 형성 등 다양한 방면을 적절하게 배치하여 초등학교에 쉽고 재미있게 적응할 수 있도록 구성했지요.

작가이지만, 엄마로서 만약 이 책이 내가 아이들을 키울 때 있었다면 얼마나 좋았을까, 하는 생각을 해봅니다. 그랬으면 정말로 맘 편히, 든든하고 의연하게 아이들을 초등학교에 보냈을 텐데 하고 말입니다. 지금이라도 초등학교 입학을 앞두고 걱정하는 학부모들을 위해 이 책을 내놓을 수 있어서 다행이라고 생각합니다.

아주 개인적인 이야기지만, 저는 초등학교 1학년을 두 번 다녔습니다. 6살에 입학했는데, 부적응으로 한 학기 만에 학교를 그만둬야 했습니다. 이듬해 7살에 재입학했는데, 그때도 많이 울면서 다녔습니다. 어린아이의 정서는 매우 말랑하고 예민해요. 아이가 마음 다치지 않고 당당하게 할 말 다 하는 아이가 되기 위해서는 부모의 따뜻한 관심과 지지가 끝없이 필요하답니다. 이 책이 사랑스러운 예비 초등 어린이들의 마음을 지켜주고 자신감을 키워주는 데 이바지하기를 마음 깊이 기도합니다. 고맙습니다.

차 례

2장. 초등 입학 똑똑하게

3장. 초등 입학 당당하게

4장. 초등 입학 행복하게

칭찬 스티커를 붙여보세요!

D-Day
100

1장

초등 입학

건강하게

D-Day 100

일찍 자고 일찍 일어나요

초등학생이 되면 규칙적으로 생활해야 해요. 초등학교에서는 정해진 시간에 정해진 교실에서 쉬고, 정해진 시간에 공부하고, 정해진 때에 집에 가는 일이 엄격하게 지켜지는 편이에요. 이런 규칙적인 생활에 쉽게 적응하려면 미리 조금씩 규칙적인 생활을 경험해서 익숙해지는 게 좋아요. 학교생활에도 그만큼 빨리 적응할 수 있거든요.
규칙적인 생활을 하기 위해서 다음 세 가지는 꼭 지켜주세요.

무엇이 필요할까요?

첫째, 일찍 자야 해요.
수면 시간이 부족하면 아이에겐 여러 가지로 안 좋아요. 키도 잘 안 자라고, 입맛도 없고, 다음날 공부할 때도 유난히 졸리지요. 우리 뇌는 충분히 자고 충분히 쉬어야만 최상의 컨디션을 유지할 수 있어요. 아무리 늦어도 11시 이전엔 잠들도록 습관을 잡아주는 게 좋아요.

둘째, 일찍 일어나야 해요.
늦게 일어나거나 일찍 일어나거나 하는 것은 모두 습관이에요. 적어도 초등학교에 입학하기 100일 전부터는 일찍 일어나는 습관을 들이는 게 좋아요. 아이에게 늦잠 자는 습관이 있다면 매일 아침 일어나는 시각을 기록해서 조금씩이라도 일어나는 시각을 당겨주세요.

셋째, 저녁엔 지나치게 활동적인 일을 하지 않아요.
저녁 늦게까지 공을 차거나 땀을 흘리면서 자전거를 타면 다음 날 피곤해요. 아이가 쓸 수 있는 에너지는 한정적이거든요. 다음 날 학교에서 재미있게 놀고 열심히 공부하려면 전날 에너지를 적절하게 쓰는 것도 조절할 수 있어야 해요.

일찍 일어나고 일찍 자는 어린이가 되는 꿀팁

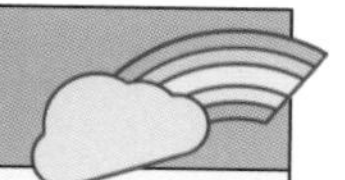

- 일찍 일어난 날에는 달력에 하트 표시를 해주세요. 하트를 10개 모으면 함께 산책하거나 빙고놀이 같은 간단한 게임을 해요.
- 불을 끄고 함께 누워서 잠드는 시각을 약속으로 정해주세요.
- 저녁엔 차분하게 책을 읽거나 잠자리 독서를 해보세요. 훌륭한 위인들은 어릴 때 베갯머리 독서를 많이 했대요.

일주일 동안 아이가 스스로 약속한 기상시간 일지를 적어보세요

요 일	월	화	수
기상시간			
성공 여부(O/X)			

목	금	토	일

D-Day 99

쉬는 시간을 지켜요

초등학교에서는 40분 공부하고, 10분 쉬어요. 초등학교에서는 정해진 시간에 반드시 수업을 시작하는 것이 모두가 지켜야 하는 약속이죠.
아이가 쉬는 시간과 수업 시간을 잘 지키도록 가정에서 미리 시간 개념을 잡아주세요. 한 가지 활동을 10분씩 지속해서 하도록 도와주는 것만으로도 어느 정도의 시간 개념이 잡힌답니다.

무엇이 필요할까요?

첫째, 약속한 시간만큼 의자에 앉아 있는 연습을 해요.
특히 아무 때나 충동적으로 들썩거리면서 돌아다니지 않도록 부드럽게 타일러주세요. 사실 초등학교에선 누구도 수업 시간에 마음대로 돌아다니지 않거든요. 대부분 담임선생님이 허락하는 범위 안에서만 활동하지요. 이런 방식이 유치원과 비교했을 때 어색하고 딱딱해 보이겠지만, 아이들은 곧 익숙해져요. 불과 몇 주만 지나도 대부분 차분하게 의자에 엉덩이를 붙이고 앉아 있는답니다.

둘째, 움직이고 싶은 충동이 느껴지면 숫자를 세도록 해요.
처음엔 금방 엉덩이가 들썩거리고 움직이고 싶어 해요. 하지만 이런 충동은 순간적으로 치밀어 올랐다가 사라진답니다. 충동이 느껴질 때 곧바로 움직이지 말고 숫자를 10까지만 세도록 지도해 주세요. 숫자를 10까지 센 다음에도 움직이고 싶어 한다면 그땐 가볍게 몸을 흔들거나 어깨를 툭툭 털어주면서 긴장을 풀어주세요. 그리고 다시 잠시만 앉아 있도록 도와주세요.
처음엔 10분, 다음엔 15분, 그다음엔 20분. 이렇게 조금씩 늘려가세요. 타이머나 알람시계 등을 이용해서 시간 개념을 꾸준히 연습하면 초등학교 생활에 적응하는 데에 큰 도움이 된답니다.

시간 개념을 잡아주는 꿀팁

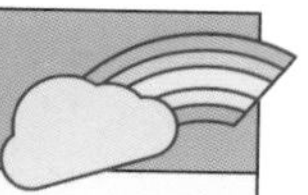

- 아이와 함께 '오래 버티기 놀이'를 해보세요. 눈 감고 오래 버티기, 혀 내밀고 오래 버티기 같은 놀이를 하다가 아이가 재밌어하면 자연스럽게 의자에 오래 앉아 있기로 넘어가세요.
- 한 가지 일에 충분히 몰입하게 해주세요. 아이들은 본래 몰입을 참 잘한답니다. 좋아하는 일을 하고 있을 땐 말없이 가만히 지켜봐 주세요. 물론 게임이나 유튜브 동영상 시청 등은 예외입니다.
- 한 가지 일에 몰입한 경험을 가족들에게 자랑스럽게 이야기하게 해주세요. 아이가 뿌듯함과 성취감을 느낀답니다. 그래야 다음에도 또 진득하게 한 가지 일에 집중하고요.

아이가 몰입하기 좋은 일을 계획해 보세요

예)

1주 차	한 번에 앉아서 학습지 1장 풀기
2주 차	퍼즐 맞추기 완성하기
3주 차	내 방 혹은 책상 정리하기
4주 차	하루 1장씩 색칠공부 완성하기
5주 차	악기 연습해서 동요 1곡 완주하기

D-Day 98

아침은 꼭 먹어요

우리 뇌의 주요 에너지원은 포도당입니다. 밤새 긴 공복을 거쳐 에너지원이 모두 고갈된 상태에서 눈을 뜨면 우리 몸은 몹시도 허기진 상태가 됩니다. 이때 뇌가 좋아하는 에너지원인 포도당을 적절하게 공급해 주면 뇌를 더 활발하게 쓸 수 있게 되지요.

아이가 아침을 꼭 먹고 등교해야 하는 이유도 마찬가지예요. 아침을 먹지 않고 학교에 오면 왠지 기운이 없고, 1교시를 유난히 피곤해하기도 합니다. 아이에게 아침을 간단히 먹이거나 가벼운 요기를 하게 하면 한결 편안한 상태로 아침 시간을 보낼 수 있어요.

무엇이 필요할까요?

아침 식사만큼은 정해진 시간에, 규칙적으로 가족들과 함께 먹는 걸 추천해요. 아이에게는 가족과 함께하는 아침 식사가 여러모로 매우 중요해요. 아침 식사는 아이에게 정서적으로는 긍정적이고 안정적인 유대감을 심어주고, 신체적으로는 뇌의 발달과 신체 능력의 향상을 돕습니다. 건강하고 안정적인 삶은 아침 식사에서 만들어진다고 해도 틀린 말이 아니지요.

가족이 함께 아침을 먹으면서 해볼 만한 이야기도 많이 있습니다. 아이는 부모가 말하는 다양한 어휘와 문장을 들으면서 어휘력과 문장 구사 능력을 키우거든요. 아침을 웃으면서 시작할 수 있도록 긍정적이고 따뜻한 말로 함께 아침 식사를 해보세요.

아이와 함께 행복한 아침을 보내는 꿀팁

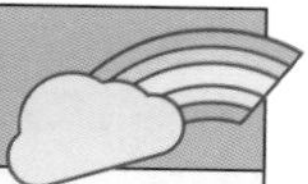

- 아침 식사 차리는 일을 돕게 하세요. 간단하게 숟가락, 젓가락 놓기, 그릇에 밥 푸기 같은 심부름을 시켜주세요. 아이의 자립심과 자율성을 키워주는 좋은 기회가 된답니다.
- 아침 식사 메뉴를 함께 짜봅니다. 다양한 채소를 넣어서 수프 끓이기, 모닝 토스트 함께 만들기, 과일과 달걀 먹기 등 아이가 좋아할 만한 다양한 메뉴를 함께 골라보세요.
- "공부 잘하고 와", "선생님 말씀 잘 들어" 같은 인사말 말고 색다른 인사말을 만들어 보세요.
- 짜증스러운 아침을 맞지 않도록 함께 노력해요. 준비물이나 과제는 미리 전날 챙겨주세요. 이런 일로 아침을 잔소리로 시작하면 아이가 편안한 마음으로 등교하지 못하고 자칫 학교생활에도 영향을 미칠 수 있거든요.

아이와 함께 주고받을 인사말을 지어보세요

예)

엄마 : "지우는?"

아이 : "하나님의 선물!"

엄마 : "오늘도"

아이 : "사랑해요!"

D-Day 97

스스로 양치해요

초등학교 1학년은 영구치가 나오는 시기입니다. 어느 때보다 아이의 구강 관리와 양치질에 신경을 써야 하는 때이지요. 특별히 더욱 양치질 지도에 관심을 갖고, 아이의 영구치 상태를 잘 체크하는 게 중요해요. 취침 전 졸린 눈을 뜨고 양치하기란 아이에게 쉽지 않은 일이지만, 한 번 잘 잡아둔 양치 습관은 평생을 간답니다.

무엇이 필요할까요?

우선 초등학교에선 어떻게 양치질을 지도하는지를 알아보고, 가정에서도 이에 맞게 지도해 주세요.
보통 보건교사가 보건 수업 시간에 양치질 시범을 보이거나 불소 용액을 도포하는 방식으로 양치질을 지도해요. 보건교사가 커다란 입 모형을 가지고 양치하는 시범을 보이면 아이들은 '와!' 하면서 무척 재밌어하지요.

초등학교에서는 담임교사의 재량에 따라 어떤 학급에선 꼼꼼하게 양치질을 지도하고, 어떤 학급에선 아이들에게 자율적으로 맡기기도 해요. 담임교사마다 양치질을 지도하는 방법과 가치관이 다 다르죠.
그렇기 때문에 담임교사에게 지도를 기대하는 것보다 아이 스스로 양치도구를 잘 챙기고 식사 후에는 곧장 양치질하러 가도록 미리 습관을 잡아주는 게 필요해요.

양치질 습관을 잡아주는 꿀팁

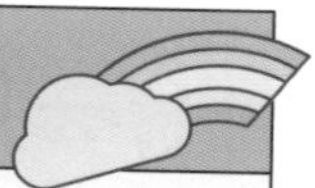

- 양치 동화책을 동생이나 엄마에게 읽어주게 하세요. "엄마는 오랜만에 우리 지우가 읽어주는 양치 동화 듣고 싶어." 이렇게 유도한 다음 아이가 다 읽으면 느낀 점을 말해보게 하세요.
- 양치하는 동안 마음속으로 숫자를 세게 하세요. 양치질은 일정 시간 이상 하지 않으면 효과가 없어요. 양치질의 효과를 높이기 위해서는 반드시 마음속으로 100 이상을 세도록 하는 게 좋아요.
- 초등학교에 입학한 다음에도 양치를 잘하고 있는지 알 수 있는 가장 좋은 방법은 아이의 칫솔을 확인하는 거예요. 하루에 1회 이상 양치질할 경우 적어도 두 달 간격으로 칫솔을 교체해야 해요. 칫솔모가 전혀 닳지 않았다면 아이가 실천하도록 짚어주어야 합니다.

이렇게 지도해 주세요

- 양치질은 무조건 해야 하기에 "양치할래?", "양치하자"가 아니라 "양치해야 하는 시간이야"로 단호하게 접근해야 해요.
- 대신에 아이가 좋아할 만한 종류의 칫솔을 여러 개 준비해두고 칫솔을 고르는 선택권을 주면 아이의 보상 심리를 충족시킬 수 있어요.
- 시각화된 타이머를 보여주며 "이게 한 바퀴 돌 때까지 양치하자" 말해주세요. 얼마만큼 해야 하는지가 눈에 보이면 아이들은 제법 잘 견딘답니다.
- 거울 앞에서 부모랑 아이가 같이 양치질해보세요. 놀이처럼 즐거워할 거예요.

D-Day 96

건강검진과 구강검진을 해요

초등학교에 입학하면 1학년 아이들은 모두 건강검진과 구강검진을 해야 해요. 국가에서 의무적으로 실시하는 검진이라 모든 아이가 대상입니다. 학교에서는 가정으로 학생 건강검진과 관련한 안내장을 보내줍니다. 학생들은 정해진 때에 정해진 병원이나 치과에 가서 검진해야 하는데 이걸 학생건강검진이라고 불러요.
부모님들이 어렸을 때만 해도 학교로 의사선생님이 직접 오셔서 구강검진을 하고, 심지어는 이가 흔들린다고 뽑기도 했지요? 지금은 학급별로 정해진 날짜에 학교에서 지정한 병원에 방문해서 검진받도록 하고 있어요. 아이들의 건강을 위한 최소한의 장치랍니다.

무엇이 필요할까요?

아이가 건강하고 안전한 단체생활을 하기 위해 미리 구강 상태를 확인하고 필요하다면 진료도 받고, 전반적인 건강 상태를 확인해두는 게 좋아요. 특별한 지병이 있거나 의사의 추가 진료가 필요한 경우를 대비해서 검진할 때는 부모님이 꼭 동행하는 게 좋겠지요.
검진 전에 간단한 문진표를 작성해야 합니다. 병원 방문 전 미리 문진표를 작성해두면 편리하지만, 미리 작성하지 못했더라도 병원 안내데스크에 문의하면 문진표를 받을 수 있으니 그때 작성하면 됩니다.

구강검진 문진표의 예

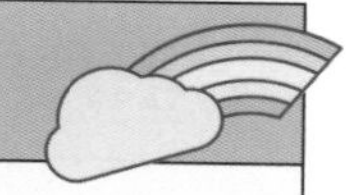

<구강 증상에 대한 질문>

- 깨지거나 부러진 치아가 있나요? (예 / 아니오)
- 차갑거나 뜨거운 음식을 먹을 때 치아가 아픈가요? (예 / 아니오)
- 치아가 쑤시고 욱신거리며 아픈가요? (예 / 아니오)
- 잇몸이 아프거나 피가 나나요? (예 / 아니오)
- 혀 또는 입 안쪽 뺨이 욱신거리며 아픈가요? (예 / 아니오)
- 불쾌한 입 냄새가 나나요? (예 / 아니오)

<구강 상태에 대한 질문>

- 지난 1년 동안 치과나 병원에 간 적이 있나요?
- 어제 하루 동안 이를 닦은 경우를 모두 표시해 주세요.
  (아침 식사 후 / 점심 식사 후 / 저녁 식사 후 등)
- 과자 등 단 음식을 즐겨 먹나요?
- 현재 사용 중인 치약에 불소가 들어 있나요?

건강검진 문진표의 예

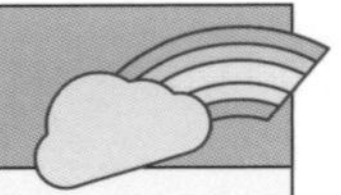

- 병원에서 진단받고 현재 치료 중인 질환이 있나요? 있다면 질환명을 적어주세요. (예 / 아니오)
- 최근 1개월 이내에 복용한 약이 있나요? 있다면 약 종류를 적어주세요. (예 / 아니오)
- 병원에서 진단받고 정기적으로 추적 관찰 중인 질환이 있나요? 있다면 질환명을 적어주세요. (예 / 아니오)
- 학생이 건강에 대하여 걱정되거나 궁금한 것이 있나요? 있다면 적어주세요. (예 / 아니오)
- 학부모님께서 학생의 건강에 대하여 걱정되거나 궁금한 것이 있나요? 있다면 적어주세요. (예 / 아니오)
- 최근 한 달간 학생이 경험한 증상에 모두 표시해 주세요.

  감기에 잘 걸리는 편이다. (예 / 아니오)

  온몸에 힘이 없고 쉽게 피로한 편이다. (예 / 아니오)

  건강하지 않다고 생각한다. (예 / 아니오)

  재채기와 함께 맑은 콧물이 흐를 때가 있다. (예 / 아니오)

  숨 쉴 때 소리가 난다. (예 / 아니오)

  기침과 함께 누런 가래가 올라온다. (예 / 아니오)

  열이 많이 나면서 목이 따가울 때가 자주 있다. (예 / 아니오)

  평소 코로 숨쉬기가 불편하고 코가 자주 막힌다. (예 / 아니오)

  가만히 있어도 심장이 두근거린다. (예 / 아니오)

  운동할 때 몹시 숨이 차다. (예 / 아니오)

  배가 자주 아프고 소화가 안 된다. (예 / 아니오)

  속이 답답하다. (예 / 아니오)

  배가 팽팽하거나 가스가 자주 찬다. (예 / 아니오)

  설사를 자주 한다. (예 / 아니오)

  코피가 자주 나고 다치면 피가 잘 멈추지 않는다. (예 / 아니오)

  몸에 멍이 잘 든다. (예 / 아니오)

D-Day 95

초등학교에서는 이렇게 수업해요

초등학교와 유치원은 여러 면에서 다릅니다. 그중에서도 아이들에게 가장 크게 다가오는 부분은 40분 수업 시간을 정확하게 지켜야 하는 것일 겁니다. 실제로 아이들이 가장 적응하기 힘들어하는 부분이기도 합니다.

적응 전까지는 시도 때도 없이 화장실 가고 싶다는 아이, 물 마시고 와도 되냐는 아이, 잠깐 나갔다 와도 되냐는 아이 등 다양한 모습이 나타납니다. 하지만 이 역시 때가 되면 익숙해집니다. 아이들도 일정 기간이 지나면 자연스럽게 시간 개념이 생겨서, '수업 시간이 끝나면 쉬는 시간이 있으니까 그때 화장실도 가고 물도 마셔야지' 생각한답니다.

무엇이 필요할까요?

아이에게 학교에서 생활하는 시간 개념을 미리 익혀주세요. 구체적으로 초등학교에서 어떻게 수업하는지를 알아두면 아이가 다음 활동을 짐작할 수 있어서 좀 더 마음 편히 수업에 참여할 수 있습니다.

일반적으로 초등 1학년 교사들이 수업할 때는 수업 시간 내내 같은 활동을 하게 하거나 어렵고 복잡한 일을 해내라고 요구하진 않아요. 대부분 수업을 단계별로 나누어서 진행하죠. 예를 들면 동기유발, 학습목표 확인, 활동 1, 2, 3, 학습정리와 같은 식이에요.

다음으로 교사는 실제 어떤 수업을 할 것인지를 설명합니다. 학습목표나 학습문제로 배울 내용을 제시하는데, 함께 읽어보기, 괄호로 중요한 단어만 가렸다가 맞춰보기 같은 활동을 하기도 합니다.

학습목표를 확인한 다음엔 어떤 활동을 할 것인지 안내합니다. 보통은 첫 번째 활동(활동1)을 하고 이어서 두 번째 활동(활동2)으로 넘어가는 식입니다.

마지막으로 배운 내용을 간단하게 정리하는 학습정리 활동을 합니다. 어떤 내용을 배웠는지 교사와 함께 읽어보거나 수업하고 느낀 점을 발표하는 식으로 배운 내용을 마무리하지요.

40분을 통으로 생각하면 아주 긴 시간처럼 보일지 모릅니다. 그렇지만 실제로 초등학교 1학년 아이들이 얼마든지 수업 시간에 즐겁게 공부할 수 있는 것은 이런 자잘한 활동들로 40분을 쪼개서 활동하기 때문이에요. 이 부분을 명확하게 이해하고 나면 40분이 그다지 길지 않게 느껴질 겁니다.

독서도 하고 40분 수업에도 익숙해지는 꿀팁

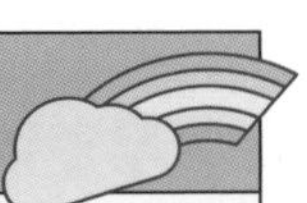

① 평소에 아이가 즐겨 읽는 책을 하나 골라와요.

② 5분 정도 어떤 책인지 이야기 나눕니다. (동기유발)

예) "지은이는 누구일까?" "표지는 어떤 장면일까?" "주인공이 누구일까?" 등

③ 10분 정도 소리 내어 책을 읽거나 읽어줍니다. (활동1)

④ 10분 정도 읽은 내용에 대해 이야기 나눕니다. (활동2)

예) "어떤 내용이었니?" "누가 주인공이었니?" "어떤 상상을 했니?" 등

⑤ 10분 정도 인상 깊었던 내용을 표현해 봅니다. (활동3)

예) 주인공 그려보기, 제목 따라서 쓰기, 맘에 드는 장면 흉내 내기 등

⑥ 5분 정도 읽은 책에서 맘에 드는 문장을 외워봅니다. (학습정리)

예) 엄마가 먼저 시범 보이기, 아이가 따라 하기, 문장에서 단어만 바꿔보기 등

아이에게 바른 공부 습관 들이려면

- **완벽을 강요하지 마세요**

  잘하고 못하고가 아니라 좋은 습관으로 자리 잡는 게 중요한 시기예요. 장난감을 완벽하게 치우기보단 한두 개라도 아이 스스로 정리하는 습관을 들이면 됩니다.

- **결과에 주목하지 마세요**

  아이가 받아쓰기를 못 해도 타박하지 말고 아이 나름의 노력을 응원해 주세요.

  "열심히 노력했는데 점수가 좀 안 나오면 어때, 괜찮아."

- **양보다 질에 주목해요**

  어떤 책을 몇 권 읽었는지보다 어떻게 읽었는지가 중요해요. 의미 없이 10권을 읽는 것보다 한 권을 제대로 읽고 이해하도록 지도해 주세요.

- **스스로 할 수 있는 범위를 점차 늘려주세요**

  처음엔 도와주지만 스스로 할 수 있는 부분은 하도록 유도하면서 점차 범위를 넓혀나가요.

  "오늘은 여기서부터 여기까지 혼자서 한번 해볼까? 하다가 모르는 게 있으면 뭐든 물어봐."

- **충분히 칭찬해 주세요**

  조금씩이라도 나아지고 있는 모습은 마음껏 칭찬하되 구체적으로 칭찬해 보세요.

  "이 부분은 혼자 하기 진짜 어려웠을 텐데 이만큼이나 해냈네."

D-Day 94

쉬는 시간에 화장실에 가요

초등학교에선 수업 시간과 쉬는 시간을 규칙적으로 지켜야 해요. 이 부분을 아이에게 충분히 설명해 주어야 하는 이유는 바로 화장실에 가는 문제 때문이에요.
초등 1학년 어린이들은 가끔 속옷에 실수하는 경우가 있어요. 교실에서 소변을 보는 아이도 있고, 심지어 대변을 보는 아이도 있어요. 미처 화장실을 가지 못해서 벌어지는 일들이지요.

간혹 대변 보는 아이의 뒤처리를 교사에게 부탁하는 학부모도 있는데요. 교사는 쉬는 시간에 교실을 비울 수가 없어요. 화장실에 가지 않은 나머지 아이들을 지도해야 하고 다음 수업도 준비해야 하니까요. "비데가 없어서 아이가 화장실에 못 갔어요", "화장실이 지저분해서 싫대요" 같은 불만도 더러 있지만, 그렇더라도 학교에서는 스스로 화장실을 이용할 줄 알아야 한답니다.

무엇이 필요할까요?

학교 화장실을 아이 스스로 이용할 수 있게 미리 가정에서 지도해 주어야 합니다. 쉬는 시간이 될 때까지 기다렸다가 화장실에 가는 것은 아이들에게 쉬운 일이 아니에요. 타이머나 알람을 이용해서 40분 수업 시간의 개념을 충분하게 연습하는 것도 필요하지만, 더 중요한 것은 그럼에도 수업 시간에 화장실에 가고 싶을 때는 교사에게 말할 수 있어야 한다는 거예요.

가정 내 이 훈련이 필요한 것은 화장실에 가고 싶어지는 상황이 급작스럽게 찾아오기 때문이에요. 이런 상황에서 아이가 자칫 당황해버리면 미처 교사에게 손들고 말하기 전에 실수를 하게 되지요. 평소에 여러 번 아이와 함께 연습하고 훈련해두는 것이 정말 중요해요. "선생님, 저 화장실 가고 싶어요."라고 손을 들고 말하는 훈련을 여러 번 반복해서 시켜주세요.

물론 손을 들고 화장실에 가는 아이가 여럿이거나 이런 일이 여러 번 반복되면 수업 흐름이 깨지게 돼요. 보통 담임교사들이 입학 초기에 '소변이 마렵지 않아도 일단 화장실에 다녀오기'를 반복해서 지도하는 이유랍니다. 쉬는 시간엔 놀고 싶어도 일단 화장실에 먼저 가라고 몇 번이고 주의시켜 주도록 합니다.

우리 아이, 문제없이 화장실 가게 하는 꿀팁

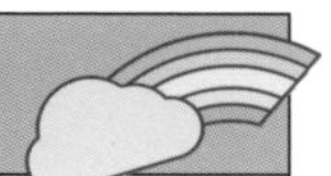

엄마와 아이가 함께 역할놀이를 합니다.

- 엄마 : 화장실 가고 싶어 하는 아이
- 아이 : 초등 1학년 담임교사

〈교사가 화장실에 못 가게 하는 상황〉

엄마 : "선생님, 저 화장실 가고 싶어요."

아이 : "안 돼. 그러니까 쉬는 시간에 화장실 갔다 오라고 했지."

엄마 : "아이, 쉬 마려운데…."

아이 : "안 돼."

느낀 점을 말해보게 합니다.

<교사가 화장실에 다녀오라고 했는데 화장실에서 놀다가 늦게 오는 상황>

엄마 : "선생님, 저 화장실 가고 싶어요."

아이 : "그래. 다녀와."

엄마 : 딴짓하고 노는 시늉을 한다.

아이 : "왜 이렇게 늦었어? 화장실에서 볼일 봤으면 바로 와야지."

엄마 : "화장실에서 놀았어요."

느낀 점을 말해보게 합니다.

화장실 이용법, 이렇게 가르쳐요

① 화장실에 들어가 한 줄로 서서 차례를 지켜요. 급하다고 먼저 들어가지 않아요.

② 들어가기 전에 노크해서 사람이 없는 걸 확인해요. 친구가 안에 있으면 놀랄 수 있어요.

③ 볼일을 본 뒤 휴지로 닦고 변기 또는 휴지통에 버려요.

④ 변기 뚜껑을 닫고 물을 내려요. 레버를 3초 이상 눌러야 물이 잘 내려가요.

⑤ 손을 깨끗하게 씻고 나가요. 비누로 30초 이상 씻어야 해요.

D-Day 93

지저분한 행동을 하지 않아요

초등 1학년 중에는 코를 자주 파거나 코딱지를 먹는 아이들이 있어요. 바지에 손을 넣고 벅벅 긁어대거나 일부러 방귀를 뀌기도 하고요. 이런 행동은 다른 친구들이 질색하면서 싫어해요. 아이가 이런 행동을 한다면 가정에서 장난으로 넘기지 말고 꼭 지도해 주어야 합니다.

무엇이 필요할까요?

코를 자주 킁킁거리거나 콧물을 자주 흘리는 아이도 있는데요. 이런 아이들은 대부분 알레르기 비염이 있거나 코점막에 문제가 있을 수 있어요. 혹시라도 자주 코를 파거나 코딱지를 먹는 경우 부드럽게 주의를 주고, 사람이 많은 곳에선 장난이라도 코를 파지 않도록 잘 설명해 줍니다.

"콧속이 간질거리면 휴지로 풀거나 세수할 때 푸는 거야."라고 가르쳐 줍니다. 반복해서 콧물을 흘리거나 코를 비비는 경우는 초등학교 입학 전에 병원에서 꼭 치료받는 게 좋겠지요.

코 파는 아이에게 경각심을 심어주세요

"코털과 콧물은 우리 몸을 지켜주는 고마운 존재야. 손가락으로 괴롭히면 안 돼."

"코를 자꾸 파면 안에 상처가 날 수가 있고, 상처에 세균이 들어가면 감기도 쉽게 걸리고 코피가 나기도 해."

"코는 뇌랑 가깝기 때문에 세균이 뇌를 공격하면 뇌수막염이라는 큰 병에 걸릴 수도 있어."

D-Day 92

유치원 교실과 초등학교 교실, 무엇이 다를까요?

유치원 풍경 :

아이들이 옹기종기 모여 장난감을 갖고 노는 공간이 있어요. 교실에서 양말을 신고 다녀요. 이불과 잠자리도 준비돼 있고, 간식을 먹을 수 있는 공간도 있지요.

초등학교 교실 풍경 :

커다란 칠판 앞에 선생님 책상이 있어요. 네모난 학생용 책상들이 줄지어 있고요. 선생님 책상이 학생 책상을 마주하고 있어요. 칠판에는 하얀 글씨가 적혀 있네요.

D-Day 91

초등학교 교실은 이것이 달라요

유치원과 초등학교 생활은 크고 작은 차이점이 있답니다. 앞에서 소개한 그림처럼 눈에 보이는 환경도 다르지만, 무엇보다 아이가 학교생활 할 때 지켜야 하는 규칙도 달라요.
아이가 낯선 환경에서 당황하지 않도록 입학 전에 충분히 설명해 주세요.

무엇이 필요할까요?

초등학교에서는 유치원과 다른 규칙을 따른다는 사실을 아이에게 지도해 주세요.

- 초등학교 교실에선…

① 간식을 먹거나 음식을 먹는 공간이 따로 없어요.
② 음식을 먹지 않아요.
③ 책상이 줄을 맞춰 놓여 있어요.
④ 실내가 네모반듯해요.
⑤ 초등학교 교실은 유치원 교실보다 훨씬 작아요.
⑥ 커다란 칠판이 있어요.
⑦ 양말만 신고 다닐 수 없어요. 실내화를 신어야 해요.
⑧ 이불이나 옷이 따로 없어요.
⑨ 함께 입는 원복이나 체육복이 따로 없어요.
⑩ 아기자기한 느낌이 없어요.
⑪ 책이 꽂혀 있는 책꽂이가 놓여 있어요.

⑫ 놀이를 중심으로 하는 수업이 아니에요.

⑬ 소꿉놀이를 할 수 있는 공간이 없어요.

⑭ 실내 놀이터가 없어요.

⑮ 장난감을 갖고 놀거나 블록을 갖고 노는 곳이 없어요.

또 어떤 게 다를까요?

아이가 미리 적응할 수 있도록 아이와 함께 말해보세요.

예)

"친구들이 더 많아요."

"화장실이 멀리 떨어져 있어요."

"수업 시간에 여러 과목을 배워요."

D-Day 90

친구들과 안전하게 놀아요

초등학교에 입학하면 유치원 때보다 친구가 많아져요. 친구는 물론, 어울려 지낼 형과 언니들도 많아서 함께 놀기에 딱 좋지요. 처음에는 낯설고 어색해하던 아이들도 몇 주만 지나면 얼굴에 함박웃음을 띠고 신나게 뛰어논답니다.

다만 초등학교에서는 그만큼 안전사고도 많아요. 유치원 때보다 아이들의 움직임도 커지고, 행동반경도 커지는 데다가 함께 노는 친구들 수도 많아지니까요. 2022년 1/4분기 기준 학교안전공제회에서 발표한 자료에 따르면 유치원에서 발생한 안전사고가 1,299건이었는데, 초등학교에서 발생한 안전사고는 3,381건이었습니다. 세 배 가까운 수치죠.

무엇이 필요할까요?

모든 부모가 아이들이 안전하고 건강하게 학교생활 하기를 원합니다. 아이들이 다 같이 건강하고 안전하게 생활하려면 모든 아이가 안전을 위한 생활 약속을 숙지해야 해요. 이를 위해서는 학교에서도 안전 의식을 지도하지만, 평소 가정에서도 함께 지도해 주어야 합니다. 문제가 생기기 전에 아이 스스로 예방하는 힘을 길러주세요. 안전사고는 언제 어디에서든 누구에게나 일어날 수 있으니까요.

안전사고를 예방하는 꿀팁

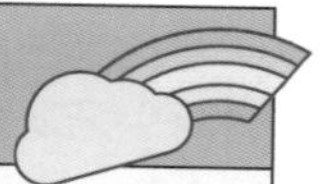

- 손으로 때리거나 밀치는 행동은 장난이 아니에요. 평소에 혹시라도 아이가 이런 행동을 하면 꼭 지도해 주세요. 아래의 대화처럼 구체적으로 콕 짚어서 아이의 말로 다시 진술하도록 반복해서 지도해 주세요.

"교실에서 친구를 때리거나 밀치면 어떻게 될까?"
"친구가 넘어지거나 다칠 수 있어요."
"교실에서 친구를 때리거나 밀치면 어떻게 된다고 했지?"
"친구가 넘어지거나 다칠 수 있다고 했어요."
"친구가 넘어지거나 다쳐서 아프면 지우 마음은 좋을까?"
"아니요. 안 좋아요."
"그럼 어떻게 해야 할까?"
"친구를 함부로 때리거나 밀치지 않아요."
"그래. 꼭 그렇게 한다고 약속해 줄래?"

엄마랑 아이랑 새끼손가락을 걸고 약속합니다.

- 친구와 잡기놀이를 하지 않습니다. 술래가 돼서 쫓아가거나 도망치는 식의 놀이는 자칫 책상이나 의자에 걸려서 넘어지기 쉬워요. 이런 놀이는 운동장처럼 넓은 공간에서만 할 수 있다고 가르쳐 주세요.

- 급소에 대해서 가르쳐 주세요. 인간의 신체에는 급소인 부위들이 있어요. 저는 교실에서 빨간 스티커를 붙여가면서 절대 장난으로라도 때리면 안 되는 곳을 학생들에게 가르쳐 주었습니다. 아이와 함께 사람 모형에 빨간 스티커를 붙이면서 장난으로라도 건드리면 안 되는 곳을 알려주세요.

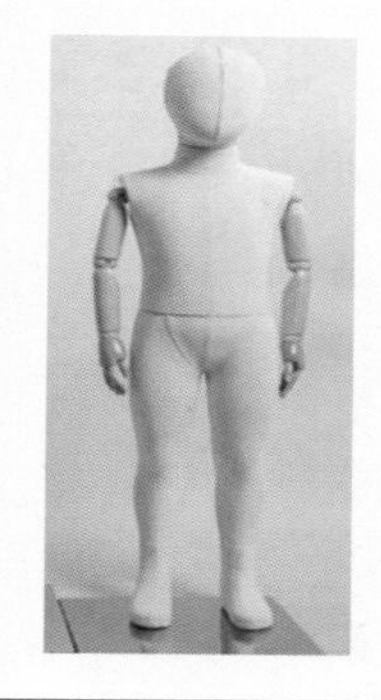

D-Day 89

예방접종을 확인해요

초등학교 1학년은 3월에 보건복지부에서 예방접종 내역을 확인합니다. 유치원보다 더 많은 아이가 밀집된 공간에서 함께 단체생활을 하는 만큼 예방접종을 필수로 확인하는 것이지요. 가정에서도 입학 전에 이런 부분은 미리 확인해두는 게 좋습니다.
참고로 초등학교에서는 보건교사가 백신 접종을 아직 하지 않은 학생에게 백신 접종을 하도록 권유하는 안내장을 보냅니다. 관련 내용은 질병관리청 예방접종도우미(https://nip.kdca.go.kr/irhp/index.jsp)에서 자세하게 확인할 수 있습니다.

무엇이 필요할까요?

질병관리청 예방접종도우미를 이용하면 편하답니다. 질병관리청에서는 초등학교 입학 대상자에게 네 가지 백신 접종 이력을 확인하고 있는데요. DTap 5차, 폴리오 4차, MMR 2차, 일본뇌염 불활성화백신 4차 또는 약독화 생백신 2차 등이 그것입니다.

예방접종을 언제 했는지, 어떤 걸 했는지 잘 기억나지 않아도 괜찮아요. 우리나라는 질병관리청에서 국민들이 예방접종한 내역을 모두 전산화하여 기록하고 있거든요. 이 시스템을 이용하면 자녀의 예방접종 내역도 모두 확인할 수 있습니다.

예방접종 내역 확인방법

STEP 01

회원가입

예방접종도우미 누리집에 회원가입하고, 자녀를 등록합니다.

ⓘ 예방접종도우미 누리집 로그인 → [예방접종관리] → [자녀예방접종관리] → [아이정보 등록]

STEP 02

접종내역 확인

1) 예방접종도우미 누리집 로그인 → [예방접종관리] → [자녀예방접종관리] → [아이 예방접종 내역 조회]

ⓘ 보호자가 직접 예방접종도우미 누리집에 입력한 접종정보는 확인용으로 활용되지 않으니, 접종받은 기관에 전산등록을 요청하시기 바랍니다.

2) 예방접종을 받은 의료기관 또는 보건소에서 접종 여부를 확인할 수 있습니다.

〈질병관리청, 예방접종도우미, 화면캡처〉

예방접종도우미와 가까워지는 꿀팁

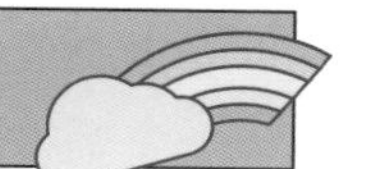

그밖에도 우리나라는 <어린이 국가예방접종 사업>으로 만 12세 이하 어린이에게 무려 18종이나 되는 백신을 접종하게 하는데요. 구체적으로는 아래와 같습니다.

결핵(BCG, 피내용), B형간염(HepB), 디프테리아/파상풍/백일해(DTaP), 파상풍/디프테리아(Td), 파상풍/디프테리아/백일해(Tdap), 폴리오(IPV), 디프테리아/파상풍/백일해/폴리오(DTaP-IPV), 디프테리아/파상풍/백일해/폴리오/b형헤모필루스인플루엔자(DTaP-IPV/Hib), b형헤모필루스인플루엔자(Hib), 폐렴구균(PCV), 홍역/유행성이하선염/풍진(MMR), 수두(VAR), 일본뇌염 불활성화 백신(IJEV), 일본뇌염 약독화 생백신(LJEV), A형간염(HepA), 사람유두종바이러스(HPV) 감염증, 인플루엔자(IIV), 로타바이러스(RV) 감염증

국가에서 어린이들을 위해 제공하는 백신의 종류가 꽤 많지요? 우리나라가 그만큼 아이들의 백신 접종을 위한 지원을 열심히 하고 있다는 뜻이에요. 초등학교에서 단체생활을 하면서 걸릴 수 있는 다양한 감염병을 예방하는 차원에서 미처 하지 않은 예방접종이 있다면 입학 전에 접종해 주세요.

D-Day 88

학부모 급식 모니터링단을 아시나요?

아이가 어떤 급식을 먹게 될지 궁금하지요? 아이가 먹는 음식이 어떤 재료로 어떻게 조리되는지, 재료의 신선도나 유통기한에는 문제가 없는지 궁금할 겁니다.
아이가 맛있게 양껏 먹어주면 좋겠지만, 그렇지 않은 경우도 있습니다. 그럴 때는 학교 급식에 문제가 있는 게 아닐까, 걱정만 하지 말고 눈으로 확인하고 점검해 보는 것도 좋습니다. 학교 급식이 얼마나 철저히 위생적으로 안전하게 조리되고, 아이들의 영양과 건강을 생각하면서 만들어지는지 직접 확인한다면 한결 마음이 편할 겁니다.

무엇이 필요할까요?

초등학교부터 고등학교 급식까지 학부모가 모니터링단으로 직접 참여해서 확인할 수 있습니다. 급식 모니터링단에 지원하면 되는데요, 급식실에 들어가서 재료 손질부터 배식까지 모두 눈으로 보고 듣고 확인할 수 있답니다.
그전에 급식 모니터링단에서 어떤 일들을 하는지 더 들여다볼까요?

먼저 학교 급식이 어떻게 준비되는지를 살펴보게 됩니다. 보통 학교 급식은 새벽에 식자재가 학교로 배달됩니다. 학교에서는 조리실무사 선생님이 식자재를 받고, 위생 상태와 재료의 신선도를 확인합니다. 유통기한을 넘긴 것은 없는지, 곰팡이가 피거나 신선도가 떨어지는 재료는 없는지, 식품의 무게가 보고된 것보다 미달되지는 않는지, 식품의 온도까지 모두 일일이 확인합니다. 모니터링단도 이 식자재의 상태를 직접 확인합니다.

학교 급식에 들어오는 거의 모든 음식 재료는 친환경 식품으로 인증받았거나 국내산 재료들입니다. 학교 급식은 재료의 출처가 불분명하거나 위생 상태가 떨어지면 안 되기 때문에 매우 철저하게 운영되지요. 조리실에서는 받은 재료에 이상이 없으면 조리를 시작하는데요. 오전에 조리를 모두 마쳐야 아이들이 급식을 먹는 점심시간에 맞춰서 배식할 수 있습니다.

급식 모니터링단은 학교 조리실에서 일어나는 일련의 조리 과정을 직접 확인하고, 아이들이 먹는 음식을 직접 맛보고, 최종적으로 설문에 응답하는 일 등을 합니다. 조리실에서는 급식 모니터링단도 위생복을 착용해야 하고, 전용 신발과 위생모까지 착용해야 합니다.

보통은 학부모가 자원해야 참여할 수 있으니 관심 있는 분은 꼭 참여해 보세요.

학교급식 모니터링 활동 기록지

<table>
<tr><td>참여분야</td><td colspan="3">● 검수 ● 조리과정 ● 배식과정</td><td>예</td><td>아니오</td></tr>
<tr><td>검수 전
문진표</td><td colspan="3">1. 본인 또는 가족 중에 설사나 감염성 질환자가 있나요?
2. 눈, 귀 또는 코에서 진물이나 고름이 나오나요?
3. 피부감염(화상, 화농성질환 또는 상처 등)이 있나요?
4. 피부발진/습진이 있나요?
5. 알레르기 증세가 있나요?</td><td></td><td></td></tr>
<tr><td>검수 과정</td><td colspan="3">1. 운송차량의 냉장 냉동 및 위생상태는 적정한가요?
2. 식재료 신선도 및 품질 상태는 적당한가요?
3. 수량 및 규격에 맞게 납품되나요?
4. 유통기한 내 제품 및 허가제품을 사용하나요?
5. 검수자는 위생적인 복장을 갖추고 온도측정 및 기록을 하나요?
6. 냉장•냉동고의 보관이 적당한가요?</td><td></td><td></td></tr>
<tr><td>급식실
위생상태</td><td colspan="3">1. 급식실 청소 및 소독상태는 적당한가요?
2. 칼, 도마 등 위생기구의 세척 및 소독상태는 적당한가요?
3. 식품창고의 정리정돈 상태는 적당한가요?</td><td></td><td></td></tr>
<tr><td>조리과정</td><td colspan="3">1. 조리원의 복장상태는 적당한가요?
2. 손 세척 및 소독상태는 적당한가요?
3. 용기 및 장갑 등은 구분사용하나요?
4. 생으로 먹는 과채류 소독은 실시하나요?
5. 중심온도 확인은 실시하나요?
6. 식재료 및 조리된 식품을 바닥에 놓아두는 일은 없나요?</td><td></td><td></td></tr>
<tr><td>배식과정</td><td colspan="3">1. 배식 중 음식의 위생상태는 적당한가요?
2. 배식량은 적당한가요?
3. 배식통의 덮개를 사용하고 있나요?
4. 배식시 위생복장(위생모, 앞치마, 마스크 착용)을 갖추고 있나요?</td><td></td><td></td></tr>
<tr><td>식단 의견 및
추천 식단</td><td></td><td>급식
모니터링 소감</td><td colspan="3"></td></tr>
<tr><td>학생 및
학부모
영양상담</td><td colspan="3">1. 학생 식생활에서 가장 문제가 되는 부분은?
① 편식 ② 아침결식 ③ 비만 ④ 식사예절 ⑤ 기타

2. 학생의 올바른 식습관 형성을 위해 영양상담이 필요한 부분이 있으면 적어주시기 바랍니다
( )
◈ 상담 내용
( )</td><td></td><td></td></tr>
<tr><td>참여자
현황</td><td colspan="3">2023년 월 일 요일
( )학년 ( )반 ( )의 학부모 성명 :</td><td></td><td></td></tr>
</table>

⊙ 해당사항에 ○표시해 주세요

D-Day 87

음식을 골고루 먹어요

'급식북'이라는 말 들어본 적 있나요? 초등학교에서는 매달 영양교사가 식단표를 학교 홈페이지에 공개하는데요. 이 식단표는 매달 가정통신문이나 학교 홈페이지 공지사항에 안내됩니다. 아이들이 이걸 접어서 손바닥만 한 작은 책자로 만든 것이지요. 아이들이 이 급식북을 들고 다니면서 "와, 오늘 급식에 고기 나온다!" 소리치는 모습을 심심찮게 볼 수 있답니다.

현재 초등학교 급식은 권장 칼로리가 정해져 있어요. 저학년이 534kcal, 고학년은 634kcal로, 대략 600kcal 내외입니다. 구체적으로 탄수화물, 단백질, 지방 비율은 각각 55~65%, 10~20%, 15~25%를 권장한다고 합니다. 영양교사는 이 안에서 자유롭게 식단을 구성하지요.

무엇이 필요할까요?

가정에서 아이가 맛있고 즐겁게 그리고 귀하게 음식을 대할 수 있도록 지도해야 합니다. 급식은 많은 아이를 대상으로 만들어지는 만큼 어떤 아이 입에는 잘 맞고, 어떤 아이 입에는 안 맞을 수 있습니다. 급식을 잘 안 먹으면 오후에 수업할 때 아이가 배고파합니다. 배가 고프면 예민해지고 짜증이 잦을 수밖에 없지요. 급식을 잘 먹는 것은 당장 오후 수업을 잘하기 위해서라도 꼭 필요한 일입니다.

저는 독일, 스웨덴, 핀란드, 케냐, 중국에서 현지 초등학교 급식을 먹어보았는데요. 거의 모든 아이가 음식을 함부로 대하거나 버리지 않더군요. 설령 아이가 좋아하지 않는 음식이 나와도 그랬습니다.

그러나 한국에서는 음식을 쉽게 버리는 것에 거리낌이 별로 없습니다. 학교 급식도 엄청난 양이 버려지는데, 아무렇지 않게 음식을 버리는 모습을 보면 무척 안타깝습니다.

아이들에게 음식을 골고루 먹는 것은 물론, 음식을 귀하게 여기는 것도 함께 지도해 주세요. 음식은 우리의 몸을 만들고 키우고 건강하게 유지하는 힘을 만드는 귀한 것이란 걸 인식하도록요. 아이들이 음식을 맛있게 먹고, 귀하게 여기는 마음을 갖도록 어떤 음식이든 한 번씩 다 맛보도록 지도해 주세요. 가정에서 학교 급식 먹는 것을 연습한다 생각하고 잘 안 먹던 음식도 골고루 먹으려 노력하는 자세를 지도해 주기 바랍니다.

우리 아이 채소 편식 이렇게 줄여요

- 무채색 계열의 채소부터 먼저 시도해 보세요.
- 유색 채소를 꺼린다면 짜장, 카레 등에 섞고, 아이가 잘 먹었다고 칭찬해 주세요.
- 아이와 함께 장을 보면서 그날 먹을 채소를 직접 고르게 해보세요.
- 아이가 싫어하는 음식을 부모가 맛있게 먹는 모습을 자주 보여주세요.
- 싫어하는 음식도 식탁 위에 자주 올라오면 냄새와 모양에 익숙해집니다.
- 다른 음식과 섞어 먹는 방법을 가르쳐 주세요.

  예) 가지를 싫어하는 아이라면 "좋아하는 고기 요리랑 같이 먹으면 돼."

  고추를 싫어하는 아이라면 "매운 음식은 안 매운 음식과 같이 먹으면 돼."

D-Day 86

초등학교는 현장체험학습을 어떻게 할까요?

초등학교에서는 현장체험학습을 가기 위해 많은 절차를 거칩니다. 학부모가 비용을 부담해야 하는 현장체험학습의 경우는 반드시 학교운영위원회의 심의를 거치지요. 업무를 맡은 담당교사가 언제, 어디로, 어떻게, 어떤 아이들이 갈 것인지 미리 계획을 세우고, 운영위원회의 심의 후 진행합니다.

현장체험학습은 학교마다 횟수나 방식이 제각각인데요. 보통은 학기별 1회 정도 가는 편입니다. 유치원은 딸기밭, 자동차공원, 뮤지컬 관람 등 체험학습을 수시로 가지만, 초등학교는 절차가 복잡해서 갑자기 계획에 없던 현장학습을 가는 일은 거의 없습니다. 아무래도 학생 수가 많고 여러 가지 안전 문제, 교육과정 운영 문제, 급식 운영 문제 등 다양한 일이 맞물려 있어서 상당히 까다롭게 운영하는 것이지요.

무엇이 필요할까요?

학교는 현장체험학습 장소가 최종적으로 결정되면 학부모에게 안내장을 보냅니다. 현장체험학습 장소와 방법, 정확한 일정 등을 공지하고 갈 사람의 신청을 받는 일종의 신청서입니다. 신청서를 보고 아이의 현장체험학습 일정을 알아두면 챙겨야 할 것들을 미리 챙기고 계획할 수 있겠죠.
현장체험학습 내용과 장소에 따라서 비용이 드는 곳이 있고, 그렇지 않은 곳이 있습니다. 비용이 들 때는 스쿨뱅킹으로 학습비가 빠져나간다고 안내하니 절차를 따르면 됩니다.

체험학습활동을 잘 이해하는 꿀팁

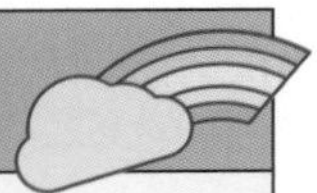

이 밖에 특별히 학교별로 주제체험학습이나 숲체험 등을 프로그램으로 운영하는 경우도 있는데요. 이때도 담당교사가 사전에 체험학습 운영계획을 교장, 교감에게 보고해서 결재를 받아야 진행할 수 있습니다. 유치원에서 했던 현장학습보다 횟수도 적고, 프로그램도 비교적 단순해 보여서 아이들 입장에선 조금 아쉬울 것도 같네요.

유치원과 초등학교는 교육과정을 운영하는 목적이 다릅니다. 유치원은 놀이중심 교육과정이기 때문에 아이들이 잘 놀면서 배우는 쪽에 초점을 두고 교육과정을 운영합니다. 초등학교에서는 기초적이고 기본적인 학력을 쌓고, 교과를 배우는 수업에 초점을 두고 교육과정을 운영하고요. 이런 교육과정 특색에 따라 현장체험학습을 한다고 이해하면 될 것 같습니다.

참고로, 초등학교에는 예전에 수학여행이라고 부르던 6학년 학생들의 테마식 현장체험학습도 있습니다. 예전의 수학여행과 크게 다르진 않지만, 우리 아이들이 색다른 곳에서 새로운 체험을 한다는 것에 의의가 있습니다.

체험학습할 땐 어떻게 행동해야 할까요?(바른 답 고르기)

- 버스에서 내릴 땐 [미리 서서 내릴 준비를 해요 / **버스가 완전히 멈춘 것을 확인한 뒤 내려요**]
- 야외에서는 [다람쥐나 나비를 보면 따라가요 / **선생님을 잘 따르고 한눈팔지 않아요**]
- 벌집이나 벌을 보면 [팔을 빠르게 움직여서 벌을 쫓아요 / **건드리지 않아요**]
- 박물관에서는 [큰 소리로 대화하고 손으로 만져봐요 / **조용히 말하고 눈으로만 봐요**]
- 낯선 식물을 보면 [만져보고 무엇인지 알아내요 / **절대 만지지 않아요**]
- 화장실에 가고 싶을 땐 [혼자 조용히 다녀와요 / **낯선 곳이니 친구들과 꼭 같이 가요**]

현장체험학습 안내장

즐거운 배움으로 함께 성장하는 행복한 꿈 키움학교

학기 현장체험학습 일정 및 체험학습비 납입 안내

학부모님, 안녕하십니까? 학부모님의 가정에 기쁨과 행복이 가득하길 기원합니다.

학교 밖 현장체험 활동으로 학생들에게 다양한 경험을 할 수 있도록 하기 위해 1학기 현장체험학습을 실시하고자 합니다. 이에 현장체험학습비 스쿨뱅킹 납부를 안내하오니, 스쿨뱅킹 계좌에서 현장체험학습비가 인출될 수 있도록 협조 부탁드립니다.

1. 행사명: 1학기 현장체험학습
2. 일정, 장소 및 1인당 예상경비

학년	1	2	3	4	5	6
날짜(요일)	5월 26일(금)	5월 31일(수)	5월 24일(월) 5월 31일(수)	6월 2일(금)	6월 1일(목)	5월 23일(화)
장소	서천 국립생태원	부여땅 자연미술학교	서천 국립생태원	서천 국립생태원	서천 국립생태원	논산 상상마당
1인당 예상경비 (단위 : 원)	13,500	39,500	20,400	13,200	15,000	50,850

3. 스쿨뱅킹 날짜: 5.11(목). ~ 5.19(금).

- 1인당 경비는 참가 희망 학생 수에 따라 변경될 수 있으며, 변경된 경비는 학교홈페이지와 하이클래스를 통해 안내됩니다.
- 현장체험학습을 신청한 후 당일 불참하는 학생은 교통비를 제외한 나머지 비용만 반환됨을 양해바랍니다.

2023. 5. 3.

○ ○ ○ 초 등 학 교 장

------------------------------ 절취선 ------------------------------

〈1학기 현장체험학습 참가 희망〉

학년 반	학생명	참가 여부 (O/X로 표시)	비고
			불참사유:

※ 참가희망서는 5월 9일(화)까지 담임선생님께 제출해 주세요.

학부모 : (인)

○○○초등학교장 귀하

D-Day 85

교외체험학습이 뭔가요?

초등학교에는 아이가 학교에 출석하지 않아도 출석한 것으로 인정해 주는 두 가지 체험학습이 있습니다. 가족과 함께 보내는 가정체험학습과 교외체험학습인데요. 학교장에게 사전에 허가받아야만 결석으로 처리하지 않아요.

그럼 가정체험학습은 얼마나 쓸 수 있을까요? 전라북도 기준으로 연 15일까지 쓸 수 있습니다. 그것도 공휴일, 방학, 재량휴업일을 제외하고 15일이니까, 필요한 경우 가족과 함께하는 다양한 행사와 교외체험학습에 두루 활용할 수 있겠지요.

교외체험학습은 보통 하루 단위로 쓰지만, 필요하다면 반일로 끊어서 4시간을 쓸 수도 있습니다. 물론 법적 보호자나 보호자에게 위임받은 성인이 아이를 보호하고 책임져야 하지요. 만약 아이가 연속해서 5일 넘게 가정학습을 한다면 담임교사는 적어도 일주일에 한 번은 전화해서 직접 아이의 건강 상태와 안전 여부를 확인해야 합니다.

무엇이 필요할까요?

보호자는 체험학습을 하기 3일 전에는 교외체험학습 신청서를 담임교사에게 제출해야 해요. 체험학습을 마친 다음에는 체험학습 보고서를 제출해야 하고요. 체험학습 보고서라고 해서 거창하거나 복잡한 건 아니고 어떤 내용을 어떻게 체험했다는 간단한 기록이라고 보면 됩니다.

주의해야 할 점은 만약 신청했던 내용과 다르게 체험학습을 했다면 미인정 결석으로 처리한

다는 것입니다. 일반적으로 학교에서 미인정 결석으로 보는 경우는 사설학원, 종교단체, 지역아동센터 등에서 하는 모든 활동과 성인 한 명이 여러 명의 학생을 대상으로 하는 모든 활동입니다. 가정체험학습은 가족과 함께하는 행사나 체험학습에 한정되기 때문이에요. 그밖의 체험학습은 미인정 결석이 된다는 것을 꼭 기억해야겠지요.

교외체험학습 신청이 가능한 예

- 가족 행사
- 가족 동반 여행
- 봉사활동
- 부모님 직장 체험
- 문화체험이나 견학 등

가정학습 신청서

가정학습 신청자	학년	반	번	성명	전화	비고

기간	2023년 월 일(요일) ~ 2023년 월 일(요일)(일간)
시간	시 분 ~ 시 분 ※반일 신청의 경우에만 작성
장소	※ 하교시간까지는 반드시 가정에서 학습(학원 및 독서실 등에서의 학습 금지)
학습 계획	※ 가정학습 기간 동안의 학습계획을 시간대별로 작성
확인 사항	·가정학습 기간 동안 안전 사항을 포함한 발생하는 모든 제반 문제에 대해 책임질 것을 확인합니다. ·연속 5일 이상 가정학습 시 주 1회 이상 아동이 담임교사와 통화하여 안전, 건강을 확인시키겠습니다. ·신청한 내용과 다르게 허위로 가정학습을 추진하거나 정규수업시간 종료 전 외부활동 시 미인정 결석으로 처리됨을 확인합니다. ·가정학습 신청서는 가정학습 실시 1일 전까지, 보고서는 체험학습 완료 후 7일 이내 제출하여야 합니다.

위와 같이 가정학습을 신청하오니 허가하여 주시기 바랍니다.

2023년 월 일

학생 : (인)

신청인 보호자 : (인)

D-Day 84

젓가락질을 연습해요

유치원과 초등학교는 급식에서도 차이가 큽니다. 유치원에서는 보조선생님이 옆에서 반찬도 집어주고, 국도 떠다 주고, 먹기 좋은 크기로 반찬을 잘라주기도 하지요? 초등학교에서는 그렇지 않아요.

아무리 어린 1학년이라 해도 자기 식판은 자기가 책임지도록 가르칩니다. 누구나 직접 본인 식판을 들고 먹을 만큼 급식을 받아야 하고, 자신이 먹은 식판은 직접 치워야 합니다. 담임교사가 "이쪽으로 가세요" 하고 안내는 해줄지언정 아이가 식판을 나르고 치우는 걸 일일이 거들어주지 않는답니다.

무엇이 필요할까요?

초등학교에서는 1학년부터 6학년까지 똑같은 쇠젓가락을 씁니다. 아직 젓가락질에 서툰 아이든 젓가락질을 잘하는 아이든, 1학년이든 6학년이든 상관없이 누구나 똑같은 크기의 똑같은 쇠젓가락을 쓰지요. 이런 환경에서 우리 아이가 친구들과 자신을 비교하거나 비교당하지 않도록 가정에서 올바른 젓가락질 훈련이 필요합니다.

젓가락질을 잘 못해서 숟가락으로만 먹는 아이, 개인 포크를 따로 가지고 다니는 아이, 젓가락을 포크처럼 음식을 찍어 먹는 용도로 사용하는 아이 등 다양한 모습을 급식실에서 보는데요. 요즘은 1학년 교과서에도 아예 젓가락질하는 방법이 따로 소개돼 있습니다. 가정에서도 관심을 가지고 지도해 주기 바랍니다.

젓가락질과 친해지는 꿀팁

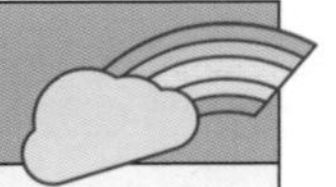

가정에서 해볼 만한 활동으로는 나무젓가락으로 하는 콩집기 놀이가 있어요. 나무젓가락은 쇠젓가락과 다르게 끝이 투박해서 작은 물건도 잘 집어지죠. 동글동글한 콩을 집는 연습을 하루에 10분씩이라도 꾸준히 한다면 확실히 젓가락질이 는답니다. 살짝 자신감이 붙은 채로 초등학교에 입학한다면 점심시간에도 기분 좋게 급식을 먹겠지요?

콩이 너무 미끄럽다고요?

곰돌이 젤리, 동그란 초콜릿, 동물 모양 과자 등 말랑말랑하거나 틈새가 있어 집기 쉬운 간식을 이용해 보세요. 훨씬 적극적으로 놀이하듯 젓가락질 연습을 할 거예요.

D-Day 83

불소양치를 해요

초등학교에 입학할 때가 되면 아이들의 치아 구조에도 변화가 찾아옵니다. 유치가 빠지고 영구치가 막 나오기 시작하지요. 이때 가장 주의할 것은 충치 관리입니다. 한 번 충치가 생기면 관리가 몹시 어려운 데다가 이미 생긴 충치는 치과에 가지 않으면 해결이 안 되니까요.

전문가들은 아이들의 충치 관리로 불소를 추천합니다. 불소는 치아를 구성하는 성분과 결합해서 치아의 표면을 단단하게 해주고, 구강 세균으로부터 치아를 보호해 주는 일을 합니다. 치과나 보건소에서 아이들에게 불소 도포를 권장하는 것도 이런 까닭입니다.

무엇이 필요할까요?

전문가들은 만 6세까지는 부모가 직접 아이의 양치질을 해주는 게 좋고, 그 이후부터는 아이가 스스로 칫솔질을 할 수 있도록 지도하라고 조언합니다. 불소가 함유된 치약으로 적어도 하루에 3번 이상은 양치질할 수 있게 지도해 주세요. 자기 전과 아침 등교 전에는 꼭 양치질을 하도록 합니다.

특히 초등학교에 입학하기 전 반드시 치과 검진을 받아두세요. 흔들리는 유치는 적절한 때에 꼭 빼주는 게 좋습니다. 유치가 흔들려서 아픈 아이들은 수업 시간에도 손가락을 입에 넣고 빨거나 입을 오물거리는 경우가 많습니다. 유치가 빠져야 할 때를 놓치면 영구치가 옆으로 누워서 나는 경우도 많고, 반대로 유치를 너무 빨리 빼면 이가 나야 할 자리가 오래 비어 있어서 부정교합이 생기기도 합니다. 입학 전에 꼭 치과에서 검진과 관리를 받아보는 게 좋겠지요.

적정 치약 사용량은 얼마일까요?

성인도 완두콩 크기만큼 짜면 충분해요. 중요한 건 3분 정도 꼼꼼히 닦는 것이니 양치 시 먹게 되는 연마제와 계면활성제 성분을 최소화하기 위해 너무 많이 짜지 않는 게 좋겠지요?

D-Day 82

검정교과서와 국정교과서, 무엇이 다른가요?

검정교과서, 국정교과서 아마 한 번쯤 들어보셨을 겁니다. 우리나라는 일제 강점기에 지금과 비슷한 교육제도가 갖춰졌는데요. 조선을 강제로 지배하기 위해 총독부에서 편찬한 것에 따르거나 일본의 문부성에서 지은 교과서를 썼습니다. 광복 이후 1949년에 교육법을 만들면서 초등학교에선 국정교과서와 검정교과서를 기본으로 쓰게 했습니다.

이 구분은 지금까지도 이어지고 있는데요. 최근에는 국가가 주도하는 국정교과서에서 민간이 주도하는 교과서로 확대되어가고 있는 상황입니다.
요약하자면 국가주도형 국정교과서, 국가에서 써도 된다고 인정해 준 검정교과서, 자유롭게 쓸 수 있도록 국가가 인정해 준 인정교과서, 교사가 필요할 경우 만들어서 쓸 수 있는 자유발행 교과서가 있답니다.

그렇다면 왜 교과서를 만드는 일에 국가가 관여할까요? 우리 아이들이 배우는 교육과정은 국가가 그 큰 틀을 만들어서 제공하고, 이 국가 수준의 교육과정이라는 틀에 맞게 학교, 학년, 학급의 교육과정을 만들어가기 때문이에요. 아이들이 대한민국에서 초등학교를 다니는 이상 국가가 만들어서 제공하는 국정교과서나 국가가 교과서로 인정한 검정교과서로 공부할 수밖에 없지요.

무엇이 필요할까요?

2022년부터는 초등학교 3학년과 4학년 수학, 사회, 과학 교과서가 검정교과서로 바뀌었습니다. 학교에서는 교과서 선정위원회를 열어서 교과서를 고르게 되었죠. 이제 학생, 교사, 학부모의 의견을 들어 교과서를 직접 고를 수 있는 거예요. 아이들의 학습에 있어 이러한 변화를 숙지하고 지도해야 할 필요성이 있어요.

학교나 학년, 교사, 학생들의 형편에 맞게 마음에 드는 교과서를 직접 고를 수 있으니까, 선택의 여지없이 일률적으로 나눠주는 국정교과서보다는 아무래도 좀 더 자유롭고 다양한 경험을 할 수 있게 된 셈이에요. 2024년부터는 초등학교 5학년, 6학년도 단계적으로 검정교과서로 전환될 예정입니다.

그렇다면 교과서를 어떻게 고를까요? 교과서 선정위원회에서 여러 출판사에서 제출한 교과서를 놓고 고릅니다. 학부모도 이 교과서 선정위원회에 직접 참여할 수 있습니다. 보통은 학기말에 다음 학기의 교과서를 고르기 때문에 관심이 있다면 얼마든지 참여할 수 있습니다.

<교과서 전시회 현장사진>

D-Day 81

선생님 말을 잘 들어요

초등학교 생활에서 가장 중요한 걸 꼽으라면 저는 '잘 듣기'를 꼽을 겁니다. 학교생활의 대부분이 듣기로 시작해서 듣기로 끝날 만큼 듣기는 너무나 중요하거든요. 아이들은 수업 시간에 선생님 설명을 잘 들어야 하고, 선생님의 안내를 듣고 이해해야 하며, 친구의 말을 주의 깊게 들어야 합니다.

무엇이 필요할까요?

듣기도 여러 단계의 듣기가 있기 때문에 단계별로 아이들을 지도해야 해요.

첫째는 '흘려듣기'예요. 라디오를 틀어놓고 음악을 들으면서 설거지하는 것을 떠올리면 이해가 쉬울 겁니다. 흘려서 듣는 것은 주의를 기울이지 않고 듣는 것이기 때문에 딱히 어렵거나 복잡하지 않습니다. 학급에서 주의력이 약한 학생 대부분이 이렇게 흘려듣고 있습니다.

둘째는 '집중해서 듣기'입니다. 의도적으로 주의를 기울여서 듣는 것을 뜻합니다. 우리가 흔히 말하는 주의집중력과 밀접한 관련이 있는 듣기이지요. 이렇게 주의 깊게 듣는 것은 따로 훈련이 필요합니다. 이런 훈련이 잘돼 있지 않으면 아이들 대부분이 앞에서 말한 흘려듣기로 수업에 임합니다.

셋째는 '마음으로 듣기'입니다. 똑같은 강의를 들어도 어떤 사람은 눈물을 뚝뚝 흘리고, 어떤 사람은 중간에 졸아버리는데요. 이건 강의의 차이가 아니라 얼마나 깊이 마음을 기울여서 듣는가의 문제입니다. 공부를 잘하는 아이들의 눈이 반짝반짝 빛나는 것도 다 마음으로 주의를 기울여서 듣기 때문이라는 것, 잊지 말아야겠지요.

해외에서 여러 나라의 초등학교 수업에 참관했었는데요. 프랑스, 이탈리아, 독일, 케냐, 중국 어디에서든 공통으로 눈에 띄는 게 있었습니다. 아이들이 기가 막힐 정도로 선생님 말을 잘 듣는다는 것이었죠. 선생님 말을 중간에 가로채면서 자기가 하고 싶은 말을 툭툭 던지는 아이는 없었습니다. 우리 아이들도 어릴 때부터 잘 지도한다면 얼마든지 다른 사람의 말을 귀담아듣는 아이로 자랄 수 있어요.

잘 듣도록 가르치는 꿀팁

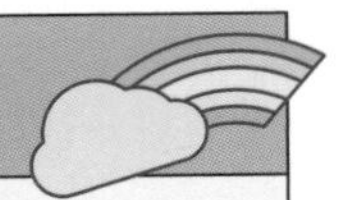

- **미간을 쳐다보면서 말하게 하세요**

  눈을 마주치면서 이야기하는 것은 대화의 기본입니다. 상대를 존중한다는 것을 보여주는 것이니까요. 하지만 이 방법이 아직 익숙하지 않은 경우는 처음부터 눈을 보면서 말하게 하는 것보다 상대의 미간을 보면서 말하는 쪽이 훨씬 쉽습니다.

- **토킹스틱으로 말하기를 연습하세요**

  토킹스틱 말하기는 인디언들이 회의할 때 쓰는 막대기에서 유래한 것인데요. 대화할 때 토킹스틱을 가진 사람만 말할 수 있고, 나머지 사람은 토킹스틱을 든 사람이 말을 다 마칠 때까지 듣기만 할 수 있습니다. 질문을 하거나 설명을 덧붙이고 싶어도 토킹스틱이 나에게 넘어올 때까지 기다려야 하지요.

- **적절한 질문을 던지게 하세요**

  눈을 보면서 듣게 한 다음 적절한 질문을 하게 하세요. 말하는 주제와 관련 있는 질문인지만 눈여겨보아도 아이가 얼마나 잘 듣고 있는지 파악할 수 있습니다.

경청하는 습관, 이렇게 지도해요

① 부모가 먼저 아이의 말을 잘 듣는 태도를 보여주어야 해요

② 말하고 싶어도 기다리는 훈련을 시켜주세요

아이가 말을 자르고 들어올 때 "잠깐. 끼어들면 안 돼. 엄마 아빠 지금 대화 중이니까 말 다 끝난 다음에 지우가 말할 수 있어."라고 가르칩니다.

③ 대화할 땐 눈을 마주치고 다른 행동을 하지 않게 해주세요

함께 있는 공간에서 각자 다른 행동을 하면서 대화하면 주의가 산만해져요.

"엄마랑 얘기하잖아. 장난감 만지지 말고 엄마 보면서 말하자."

④ 아이가 잘 들었는지 반드시 확인해 주세요

가령 "3시부터는 공부하는 거야."라고 말한 뒤 "엄마 말 알아들었어?"하고 묻는 것으론 충분하지 않아요. "엄마가 방금 뭐라고 했지?", "몇 시부터 공부한다고 했지?" 구체적으로 되묻고, 아이의 답변을 통해 이해 여부를 파악합니다.

D-Day 80

매일 줄넘기를 해요

돈 안 들이고 할 수 있는 가장 쉬운 운동, 바로 줄넘기입니다. 줄넘기는 장소나 준비물, 시간에 구애받지 않습니다. 남녀노소 누구나 쉽게 배울 수 있고, 돈도 들지 않는 데다가 운동효과는 뛰어납니다. 특별한 재능이 없어도 할 수 있으니 완벽하다고 할 만한 운동이지요.

학교에서도 음악줄넘기, 단체줄넘기, 줄넘기 급수제 같은 다양한 방법으로 아이들에게 줄넘기를 권장하고 있습니다. 많은 시간, 많은 횟수를 하지 않더라도 줄넘기를 꾸준히 하루에 15분만 하더라도 아이들의 폐와 심장을 튼튼하게 만들 수 있답니다.

무엇이 필요할까요?

줄넘기는 일상에서 쉽게 할 수 있다는 장점이 있습니다. 아이가 틈틈이, 꾸준히 줄넘기 할 수 있도록 동기부여를 해주세요. 쿠션이 좋은 운동화를 신고 일주일에 최소 5번 이상, 하루 15분씩 꾸준히 줄넘기를 함께해 주면 눈에 띄게 줄넘기 실력도 늘고, 다양한 역량을 기르는 데 도움이 됩니다.

아이가 어릴 때는 손과 발의 협응력이 떨어지는 경우가 많습니다. 줄넘기도 당연히 잘 못하는 아이가 많지요. 하지만 연습을 꾸준히 하다 보면 손발 협응력이 점점 길러져서 나중에는 언제 그랬냐 싶게 잘하게 됩니다.
줄넘기는 유연성과 민첩성, 지구력도 길러줍니다. 골밀도를 높여주며 근력도 기를 수 있는 아주 좋은 운동이지요.

줄넘기 실력이 쑥쑥 느는 꿀팁

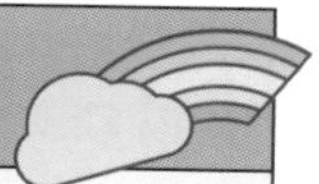

- 가장 기본인 양발 모아 뛰기부터 연습합니다. 처음에는 줄과 넘기 동작의 박자가 잘 안 맞아 발이 자주 걸릴 겁니다. 이럴 땐 아이 옆에서 하나 두울, 하나 두울, 박자를 세어주면 도움이 됩니다.
- 다음은 번갈아 뛰기를 연습합니다. 왼발, 오른발이 번갈아 가면서 지면에 닿게 뜁니다. 한쪽으로 몸이 너무 기울지 않도록 주의해야 합니다.
- 양발 벌려 뛰거나 모아 뛰기를 연습합니다. 양발 모아 뛰기나 번갈아 뛰기가 익숙해지면 양발을 벌려서 한 번, 모아서 한 번 하는 식으로 번갈아 뛰기를 연습합니다.
- 좌우로 줄 펼쳐서 돌리기를 연습합니다. 줄을 왼쪽으로 한 번, 오른쪽으로 한 번 툭툭 떨치듯 돌리는 것으로, 직접 줄을 넘지 않고 줄만 돌리면 됩니다. 옆에 있는 사람이 줄에 맞지 않도록 조심하세요.

우리 아이가 줄넘기 왕초보라면?

줄넘기에서 가장 중요한 건 리듬감이에요. 점프가 안 되는데 줄까지 돌린다면 몸에 무리가 가겠죠? 이럴 땐 따로따로 훈련해 봅니다. 3단계까지 마치면 실제 줄넘기도 잘하게 된답니다.

1단계 · 리듬에 맞춰 점프 연습

신나는 음악을 틀어놓고 박자에 맞춰 제자리 점프 연습을 합니다. 시선은 정면에 두고, 뒤꿈치를 들고 무릎의 완충작용을 이용해 사뿐사뿐 뛰어요.

2단계 · 줄 돌리기 연습

발은 고정한 채 한 손에 짧은 줄을 쥐고 손목 스냅을 이용해 회전시킵니다. 왼손과 오른손을 번갈아 한 쪽씩 연습합니다. 잘되면 양손으로도 연습해 보세요.

3단계 · 양손 줄 돌리기 + 점프

줄 돌리기가 어느 정도 익으면 양손에 짧은 줄을 각각 쥔 채 돌리면서 점프도 병행합니다. 아직 줄을 넘는 건 아니기 때문에 발이 걸리지 않아요.

D-Day 79

철봉에 매달려요

1학년만 10년 넘게 가르친 선생님에게서 이런 이야기를 들은 적이 있습니다.
"아이들이 글씨를 저절로 잘 쓸 수는 없어요. 글씨를 잘 쓰게 하고 싶다면 일단 손에 힘을 길러주는 게 좋아요. 철봉 매달리기 같은 활동이 아주 좋지요. 저는 집에 가는 길에 아이들에게 철봉에 매달리기 30초씩 하게 해요. 한 학기만 해도 손힘이 눈에 띄게 길러져요."

저는 이 말에 200% 공감해요. 저도 저학년을 담임할 때 아이들에게 점심시간이나 방과 후 시간을 이용해서 철봉 매달리기를 하라고 했습니다. 아이들의 손은 소근육과 매우 정교한 수많은 신경 다발로 이루어져 있어요. 평소에 손힘을 기르고 소근육을 발달시키는 놀이를 많이 해주면 아이들의 두뇌 발달에도 좋답니다.

특히 요즘에는 어려도 자세가 좋지 않은 아이들이 많습니다. 아이들이 평소에 앉아 있는 자세를 보면, 스마트폰으로 게임하거나 영상을 보느라 앉아 있는 시간이 길어져 등이 앞으로 휘어 있죠. 어깨도 딱딱하게 굳어 있고, 일자 목도 많아요. 이런 자세가 오래 지속되면 나중에는 심각한 척추 변형까지 올 수 있답니다.

무엇이 필요할까요?

아이의 생활 반경에 철봉이 있다면 틈틈이 할 수 있는 철봉 매달리기를 함께 해보세요. 철봉 매달리기는 아이들의 유연성과 근력을 길러주고, 반듯한 자세를 만들어주는 데에 좋습니다. 굽은 척추를 반듯하게 펴주고, 근육 힘을 기르는 데도 아주 좋지요.

철봉 매달리기를 할 때는 처음엔 옆에서 잡아주고 셋 셀 때까지만 매달려 있는 정도로 하는 게 좋습니다. 셋 셀 동안 매달려 있는 것이 익숙해지면 그다음에는 넷, 그다음에는 다섯, 이런 식으로 서서히 시간을 늘려갑니다.

아이가 제법 오래 매달릴 수 있게 됐다면

철봉에 매달려 앞구르기 ⇨ 거꾸로 매달리기 ⇨ 뒷구르기까지 같이 지도해 보세요. 팔근육뿐 아니라 전신 근육을 키울 수 있어요.

D-Day 78

입학통지서, 온라인으로 발급받을 수 있어요

초등학교에 입학하는 아이들은 입학통지서를 받습니다. 입학통지서가 있어야 해당 통학구역에 있는 초등학교에 입학할 수 있지요. 이를 위해서 주소지가 있는 주민센터에서는 입학통지서를 세대마다 우편으로 발송하는데, 이제는 온라인으로도 발급받을 수 있답니다.

무엇이 필요할까요?

아이의 초등학교 입학 시기에 맞춰 제때 입학통지서를 준비해두어야 합니다. 정부24 사이트에서 정해진 기간에 온라인으로 발급받을 수 있어요. 다음 학년도 초등학교 입학 예정인 아이가 있는 예비학부모라면 간단한 본인 인증 이후에 사이트에서 취학통지서를 온라인으로 발급받을 수 있습니다. 단, 취학 대상 아동과 동일 세대의 세대주여야 합니다.

특히 보호자는 특별한 사유 없이 자녀를 초등학교에 입학시키지 않으면 초·중등교육법 제 68조에 따라 과태료 100만 원 등의 처벌을 받게 돼 있습니다. 만약 아이에게 질병이나 발육 상태 등 부득이한 사유가 있다면 취학 예정인 학교로 취학유예나 면제를 신청할 수 있습니다.
학부모가 자녀의 취학을 유예하거나 면제해달라고 요청하면 학교에서는 관련 증빙자료에 따라 의무교육관리위원회를 열어 결정합니다.

취학통지서

(학교 제출용)

발행번호 :

취학아동성명			
주민등록번호			
주 소			
취 학 가 능 초 등 학 교	통학구역	단일학구 ☑	공동학구 □
	○○초등학교		
예비소집기간	2023-01-04 16:00 2023-01-05 16:00		
입 학 일 시	2023-03-02		
보 호 자 성 명			
보 호 자 연 락 처 ※ 직 접 작 성	구분	관계	전화번호
	보호자1		
	보호자2		

[개인정보활용동의]

1.개인정보의 수집•이용 목적 : 취학 대상 아동 정보확인
2.수집 이용할 개인정보의 항목 : 보호자 연락처
3.개인정보의 보유 및 이용기간 : 입학 전
※ 정보주체는 해당 개인정보 수집 및 이용 동의에 대한 거부 권리가 있습니다.

개인 정보의 수집 이용에 대한 동의	동의함 □	동의하지 않음 □

위 동의인 (서명)

위 아동은 초중등교육법 제 13조에 의하여 위 학교에 배정되었으니, 보호자는 본 통지서를 지참하여 취학 가능 학교의 예비소집에 취학 예정 아동과 함께 참석하여 주시기 바랍니다.

2023년 월 일

※특별한 사유없이 기일 내에 취학하지 않을 시 초중등교육법 제 68조에 의하여 취학 대상 아동의 보호자는 처벌을 받을 수 있습니다.
※공지하여 드린 예비소집일에 참석하지 못한 경우, 취학하려는 학교로 문의하여 주시기 바랍니다.

<정부24 사이트에서 발급받은 취학통지서 양식>

D-Day 77

예비소집일에 가요

취학통지서를 받았다면 곧 예비소집에도 가야 합니다. 어느 학교로 배정받았는지 확인하고, 학교에 취학통지서를 제출하는 것인데요. 이때 아이도 함께 학교에 가면 좋습니다. 내가 다닐 초등학교가 어떤 곳인지 미리 구경하는 셈이지요.

학교에서는 취학 업무를 맡은 담당 교사가 아이 이름, 주소, 연락처 등을 직접 확인합니다. 예비소집의 목적은 취학통지서에 따른 학생 배정을 확인하는 것입니다. 학부모와 아이에게는 앞으로 입학식은 어떻게 하고, 언제 반 배치가 발표되고, 돌봄교실이나 방과후학교는 어떻게 운영되는지 등 학교생활에 대해 전반적인 안내를 해줍니다.

무엇이 필요할까요?

신입생 면접을 하는 학교에서는 교사가 아이들에게 간단한 질문을 합니다. 질문이 복잡하거나 어렵진 않지만, 아이들 입장에선 살짝 떨리고 긴장될 수 있어요. 가정에서 아래 예시 질문을 아이와 묻고 답하는 연습을 해두면 좋겠지요.

<질문>
- "안녕, 이름이 뭐니? 이름 여기에 한번 써볼까?"
- "어디 사는지 집 주소 한번 말해볼래?"
- "1부터 5까지 세어볼래?" 등

만약 예비소집에 못 간다면 어떻게 하지요? 많은 분이 질문하시는데요. 혹시라도 예비소집일

에 참석하기 어렵다면 미리 학교에 전화해서 상황을 설명하고 어떻게 해야 할지 문의하면 됩니다. 예비소집에 참석 못 하는 학부모를 위해서 기타 절차 등을 친절하고 자세하게 답변해 줄 거예요.

교육부에서는 예비소집 기간 동안 경찰청, 교육청, 학교가 함께 협력해서 취학 대상 아이들의 안전과 상황을 확인하고 있습니다. 학교에서 예비소집을 하는 이유 중 하나가 취학할 아이를 직접 살펴보기 위한 것이기도 하니까요.

D-Day 76

어떤 가방이 좋을까요?

전에 명품 가방을 메고 온 아이가 있었습니다. 어른들도 눈이 동그래질 정도로 비싼 가방이었는데, 정작 아이는 다른 친구 가방을 메보고는 똑같은 걸 사달라고 집에 가서 떼를 썼습니다. 가방이 무겁고 별 기능이 없었기 때문이죠.
1학년 아이에게는 비싼 명품이나 브랜드 가방보다 가볍고 튼튼한 가방이 더 좋답니다. 가방은 어른이 아닌 아이가 직접 메야 합니다. 입학 때 사면 몇 년은 쓰니까, 이왕이면 아이가 메보고 결정하면 좋겠지요.

무엇이 필요할까요?

초등학교에 입학하는 아이들 가방은 무엇보다 가벼워야 합니다. 인터넷으로 가방을 구입하더라도 무게는 꼭 확인해야 해요. 가방이 무거우면 아이의 어깨에 무리가 갈 뿐 아니라 심리적으로도 더 피곤할 수 있거든요. 첫째도 가벼움, 둘째도 가벼움, 그다음이 디자인과 실용성이라는 것 잊지 마세요.

등판은 통기성이 좋아서 땀이 차지 않는 게 좋습니다. 요즘은 에어 쿠션을 넣은 가방도 많으니까 등판에 땀이 차지 않는 소재인지 확인해 보고 구매하세요.
어깨끈은 쿠션이 도톰하게 들어 있는 게 좋아요. 유치원 때는 책가방에 물건을 넣어서 무겁게 메고 다니는 일이 없었겠지만, 초등학교에서는 교과서나 준비물, 알림장 등을 챙겨가야 합니다. 가방끈이 얇으면 어깨가 아플 수 있어요. 적당한 두께와 쿠션을 확인해 주세요.

가슴을 가로지르는 체스트벨트가 있으면 가방이 무거워도 미끄러져서 흘러내리는 일이 없습니다. 간혹 가방이 무거워지면 아이의 엉덩이 아래로 축 처져서 보기 안 좋을 때가 있는데, 이왕이면 체스트벨트가 있는 가방이 아이에게 좋겠지요.
밤에 빛 반사가 되는 패치나 띠가 있으면 더욱 좋아요. 야광으로 빛나는 띠나 패치가 가방에 부착돼 있으면 비가 오는 날이나 학원에서 늦게 끝나는 날 아이를 보다 안전하게 보호할 수 있겠지요. 가방에 부착돼 있지 않다면 야광 띠를 따로 사다 붙여줘도 됩니다.

그밖에 가방 바깥 포켓에 물병을 넣어 다닐 수 있거나, 내부형 깊은 포켓이 있어서 중요한 준비물이나 알림장을 넣을 수 있으면 금상첨화겠지요. 특히 아이들 가방은 색도 비슷하고, 크기도 비슷해서 이름을 쓰지 않으면 헷갈리기 쉽습니다. 가방에 이름을 적을 수 있는 네임테그도 달아주세요.
학교에 따라서는 신발주머니를 가지고 다녀야 하는 경우도 많습니다. 신발주머니도 같이 준비해야 하는지 꼭 확인하세요.

디자인보다는 실용성

- 가방 크기가 너무 커도 곤란하지만, 너무 작으면 내용물이 가방 안에서 구겨져요. 파일꽂이가 들어갈 만한 크기로 골라주세요.
- 가방 윗부분을 쉽게 열 수 있는 게 좋아요. 가방 커버가 전면을 덮는 형태나 레트로 느낌의 버클식 가방은 디자인은 예뻐도 아이들이 여닫기 불편할 수 있어요.
- 학교에서는 아이들 안전을 위해 가방안전덮개를 권장해요. 속도 제한표시인 숫자 30이 프린트된 야광 커버인데요. 등하굣길에 아이들이 눈에 띌 수 있도록 고안된 가방이에요.

D-Day
75

2장

초등 입학 똑똑하게

D-Day 75

등하교 알리미 서비스가 뭐예요?

아이가 처음 학교에 입학하면 여러모로 걱정이 많지요? 학교엔 잘 갔는지, 집에 잘 오고 있는지, 궁금하고 걱정될 겁니다. 학부모들의 이런 걱정을 대비해서 초등학교에서는 저학년 아이들에게 등하교 안심알리미 서비스를 운영하고 있습니다.

무엇이 필요할까요?

입학과 동시에 학교에 등하교 안심알리미 서비스를 신청해 주세요. 이 서비스는 모든 학생이 대상이지만, 특히 저학년생에게 좋은 서비스입니다. 무료로 이용할 수 있기 때문이지요.
안심알리미 서비스를 신청하면 학교에서 기기를 무료로 나눠주는데요. 이 안심알리미 기기를 가정에서 아이의 가방이나 옷에 달아줍니다. 아이가 기기를 부착한 채 학교에 설치된 안심알리미 중계기 앞을 지나가면 학부모에게 알림이 울립니다.

김지우 학생이 3/23 08:28분에 교문으로 등교하였습니다.

이와 같은 문자가 학부모에게 자동으로 발송됩니다. 마찬가지로 하교할 때도 똑같은 문자가 발송되는데요.

김지우 학생이 3/23 08:28분에 교문으로 하교하였습니다.

이와 같은 문자가 학부모에게 발송됩니다.

여러 회사에서 안심알리미 서비스를 제공하고 있으니 아이가 등하교하는 상황을 알고 싶다면 꼭 이용해보기 바랍니다.

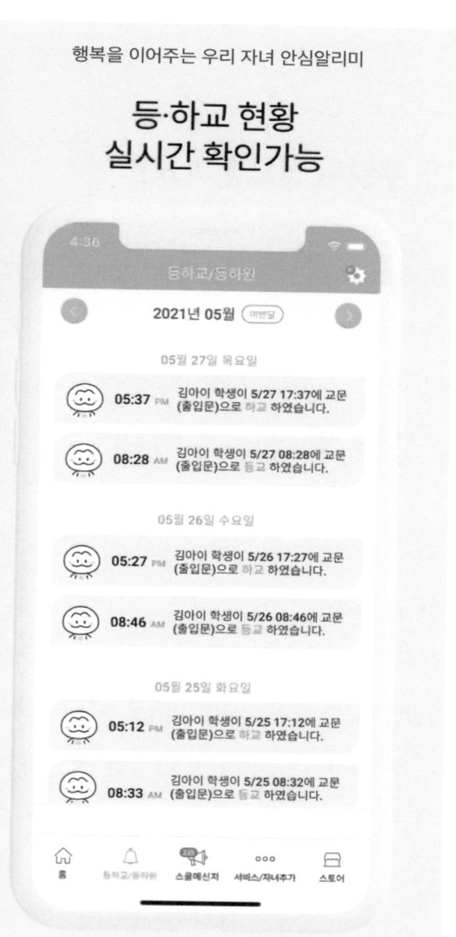

D-Day 74

급식은 어떻게 하나요?

유치원의 급식과 초등학교의 급식은 크게 차이가 없습니다. 제가 일하는 학교에는 병설유치원이 있는데요. 병설유치원 원아들과 초등학교 학생들이 먹는 음식에는 아무런 차이가 없답니다. 병설유치원 원아들은 작은 쇠젓가락과 숟가락을 사용하고, 아이들이 식사를 마칠 때까지 옆에서 도와주는 급식 도우미 선생님이 따로 있다는 정도만 다르지요.

무엇이 필요할까요?

초등학교의 급식 시스템에 대해 미리 알아두면 좋아요. 초등학교에서는 특정 식품에 알레르기가 있는 경우, 미리 학교에 이야기하면 대체 음식을 제공합니다. 제가 일하는 학교에선 일전에 학교 급식을 먹으면 배가 아프다는 학생이 있어서 영양사 선생님께서 누룽지를 따로 끓여주시기도 했습니다.

초등학교 급식은 기본적으로 아이들이 좋아하는 반찬이나 간식이 하나씩 제공됩니다. 예를 들어서 돈가스, 동그랑땡 같은 반찬이나 요구르트 등이지요. 이런 반찬이나 간식은 전교생 숫자만큼 정확하게 배식량이 정해져 있습니다. 개수가 정해져 있는 만큼 먹고 싶다고 해서 더 먹을 수가 없죠. 다만, 밥은 양껏 먹어도 괜찮습니다.
우유 급식은 신청하는 학생만 제공하고 있습니다. 전에는 모든 학생이 함께 우유를 마셨지만, 지금은 유상 급식이라서 그렇지 않지요. 우유 급식을 신청한 학생은 아침에 학교로 배달 오는 우유를 마실 수 있습니다.

- 아이가 급식 먹는 순서와 방식을 미리 알아두면 좋겠죠?
  식사 전에 손 씻기 ⇨ 한 줄 서서 차례 기다리기 ⇨ 숟가락과 젓가락 들기 ⇨ 식판 들고 음식 받기 ⇨ 자리로 가서 앉기 ⇨ 깨끗하게 급식 먹기 ⇨ 자리 정리 & 잔반 처리하기

급식 맛있게 먹으려면 이렇게 해봐요

- **싫어하는 음식 겁내지 않기**
  자라면서 입맛은 변하고 예상했던 것과 다른 맛이 나는 음식도 많아요.
- **평소 인스턴트 식품 많이 먹지 않기**
  입맛이 달고 자극적인 맛에 익숙해지면 급식이 맛이 없겠지요?
- **음식을 현명하게 가려먹기**
  알레르기 반응이 있는 음식은 꼭 가려먹어야 해요. 미리 급식표를 확인하는 것도 좋겠지요.
- **조금씩 천천히 먹기**
  체하지 않도록 천천히 꼭꼭 씹을 때 음식의 진짜 맛을 느낄 수 있어요.
- **좋아하는 것만 먼저 먹지 않기**
  밥과 반찬을 번갈아 먹어야 밥만 남지 않아요.

D-Day 73

준비물에 이름을 써요

초등 1학년 교사들에게 "입학 전 어디까지 글자를 연습하게 할까요?" 하고 물으면 입을 모아 하는 말이 있습니다.
"적어도 자기 이름은 쓸 수 있는 게 좋아요."

무엇이 필요할까요?

한글은 학교에서 어차피 열심히 배우고 익힙니다. 그래서 아직 글자를 능숙하게 못 읽거나 서툴게 써도 괜찮아요. 다만 아이가 스스로 자기 이름은 쓸 수 있도록 집에서 지도해 주세요. 자기 이름을 숙지하는 것에서부터 서서히 한글에 익숙해지니까요.
학교에서는 담임교사가 아이가 가져오는 모든 준비물에 이름을 쓰라고 합니다. 필통, 지우개, 색연필, 공책, 교과서 등등 아이가 학교에서 활용하는 모든 학습 준비물에 이름을 쓰게 하지요. 이때 이름을 못 쓰는 아이는 자신도 모르게 위축되기 쉽습니다. 아직 서툴더라도 자기 이름만큼은 여러 번 연습하게 해서 잘 쓰고 잘 읽을 수 있도록 지도 바랍니다.

<이름 쓰기 연습용 칸>

이름으로 하는 미술놀이

아이가 이름 쓰기에 흥미가 없다면 도화지에 크게 아이 이름을 적어주세요. 그리고 아이가 다양한 재료를 이름 위에 덧대 따라 그리도록 지도해 보세요.

예)

- 이름 위에 과자로 이름 덧쓰기
- 이름 위에 스파게티 면으로 이름 덧쓰기
- 면봉에 물감 찍어서 이름 따라 찍기
- 종이 위에 풀로 이름 쓰고 반짝이 가루 뿌리기
- 모래 위에 나뭇가지로 이름 쓰기

D-Day 72

가위로 종이를 오려요

초등 저학년 아이들은 아직 소근육이 발달하는 중입니다. 소근육이 다 발달하면 조그맣게 글씨 쓰기, 색종이 접기, 공책 정리하기, 악기 연주하기 같은 정교한 작업을 얼마든지 할 수 있지요. 반대로 이런 작업을 많이 하면 소근육이 발달하는 데 도움이 됩니다.

그중에서도 가위로 종이를 오리는 일은 아이들에게 여러 가지로 유익합니다. 초등학교에서는 짬짬이 선생님과 함께 종이로 오리는 활동을 하는데요. 이때 1학년 선생님들이 가장 애먹는 일 중 하나가 아이들이 가위로 오리는 게 서툴러서 한 명 한 명 대신 오려주어야 하는 것입니다. 최근에 1학년 공개수업에 들어간 적이 있는데, 가위로 종이를 못 오리는 아이들을 도와주느라 담임선생님이 진땀을 빼더군요.

무엇이 필요할까요?

아이가 학교에서 종이 오리기 활동을 잘 따라올 수 있도록 집에서 미리 지도해 주세요. 가위로 종이 오리기는 소근육 발달에도 좋고, 두뇌 발달에도 좋습니다.

소근육 발달을 돕는 다양한 장난감이 많이 있지만, 굳이 비싼 장난감일 필요는 없답니다. 간단한 종이 오리기 활동을 자주, 틈나는 대로 시켜주세요.

가위로 능숙하게 모든 모양을 오리진 못해도 적어도 동그라미, 세모, 네모 정도는 미리 연습해 보는 게 좋습니다. 가위로 오리는 일에 자신이 붙으면 수업 시간에 선생님에게 도움을 요청하는 대신, 선생님을 도와주는 아이가 될 수 있을 거예요.

오리기 교재, 직접 만들어도 좋아요

① 오리기 초보라면 도화지 위에 다양한 도형을 그려준 뒤 아이가 오리게 해보세요.

② 도형 오리기를 무난히 할 수 있다면 자동차나 과일 같은 단순한 모양을 그려주고 오리게 해봅니다.

③ 슈퍼 전단지를 활용할 수도 있어요. 전단지에서 아이가 원하는 사진들(과일, 쌀, 생선, 과자 이미지)을 오리게 한 다음, 도화지 위에 진열하듯 붙이게 해보세요. 다 붙이면 맨 위에 네모난 간판을 그려 넣고 아이가 직접 지은 슈퍼 이름을 적어 넣으면 완성.

D-Day 71

왼손잡이, 너무 걱정하지 마세요

가끔 아이가 왼손잡이여서 걱정이라는 학부모님을 만납니다. 이야기를 들어보면 대부분 아이가 학교생활 할 때 혹시라도 불편하진 않을까, 왼손으로 써서 글씨가 엉망이진 않을까, 염려합니다.

'왼'과 '오른'은 단어의 뜻만 봐도 그 차이가 확연하게 느껴집니다. 영어로 오른쪽은 right입니다. right는 '정의', '권리', '옳다'는 뜻을 담고 있습니다. 반면에 왼쪽은 left입니다. left-handed는 '버려진', '서투른' 같은 뜻을 담고 있지요. 우리말로도 '왼'은 뜻이 좋지 않은 말에 붙습니다. '왼고개를 젓다'는 외면한다는 뜻이고, '왼소리를 하다'는 사람이 죽었다는 험한 소문을 퍼뜨린다는 뜻입니다. 왼손잡이에 대해서 우리가 갖는 일종의 편견이 있다는 걸 짐작할 수 있는 부분이지요.

무엇이 필요할까요?

우리 아이가 왼손잡이라고 걱정하지 마세요. 오늘날 왼손잡이는 문제가 아니라 개성일 뿐입니다. 반에서 왼손잡이는 심심치 않게 찾아볼 수 있습니다. 비율로 봤을 땐 보통 한 반에 한두 명 정도입니다.

2013년에 성인 1,217명을 대상으로 한국갤럽에서 왼손잡이의 비율을 조사했습니다. 이 조사에 따르면 응답자들 가운데 5%가 왼손잡이라고 응답했습니다. 세계적으로 봤을 때 왼손잡이 비율은 10~12%라고 합니다. 우리나라의 왼손잡이 비율은 세계 왼손잡이의 절반 정도인 셈이지요. 100명 가운데 5명만 왼손잡이니, 왼손잡이는 사실 대단한 개성입니다. 아이에게도 왼손잡이여서 교정을 해주거나 오른손을 사용하라고 야단할 게 아니라 왼손잡이는 남들과 그저 다를

뿐이라고 말해주세요. 부모님께서 왼손잡이를 자연스러운 개성으로 봐주면 아이도 왼손잡이를 약점이 아닌 자신만의 독특한 개성으로 받아들일 겁니다.

요즘은 왼손잡이 아이를 위해 다양한 문구류가 나와 있습니다. 왼손잡이용 자, 왼손잡이용 가위, 왼손잡이용 젓가락, 왼손잡이용 칼 등 아이가 생활할 때 필요한 문구 대부분이 시중에 판매되고 있습니다.
학교에선 수업 시간에 자주 쓰는 물건이 가위와 자이기 때문에 왼손잡이용 자, 왼손잡이용 가위를 미리 구매해두면 좋겠지요. 담임교사에게도 아이가 왼손잡이라는 점을 미리 알리면 그에 맞게 적절히 관심 가져줄 거예요.

우리가 아는 훌륭한 왼손잡이들

"뉴턴, 다윈, 베토벤, 안데르센, 나폴레옹, 아리스토텔레스, 아인슈타인, 레오나르도 다빈치, 모차르트, 에디슨 등 세기의 천재 중엔 왼손잡이가 아주 많아."

D-Day 70

친구와 사이좋게 지내려면 어떻게 해야 할까요?

아이를 초등학교에 입학시키는 부모가 가장 염려하는 건 무엇일까요? 바로 관계입니다. 친구들과의 관계, 교사와의 관계, 이런 대인 관계야말로 아이의 학교 적응과 가장 밀접하게 관련 있기 때문이지요.
친구를 잘 사귀고 학교에서 재미있게 지내는 아이는 집에 와서도 얼굴이 밝고 즐거워 보입니다. 친구를 잘 못 사귀고 외톨이처럼 지내는 아이는 집에서도 걱정스러운 표정이고, 마음이 불안정하지요. 어떻게 해야 친구를 잘 사귀고, 교사에게도 사랑받는 아이가 될 수 있을까요?

무엇이 필요할까요?

무엇보다 중요한 건 아이가 친구에게 신체적인 접촉이나 심한 장난을 하지 않도록 주의를 주어 지도하는 것입니다. 장난은 친구가 받아줄 수 있을 때 장난이지, 상대가 받아들이지 못하면 장난이라고 할 수 없습니다. 장난을 자주 치고 때리고 밀치는 행동은 친구들이 부담스러워하고 싫어한답니다.
아이는 '장난으로 친구를 때리거나 밀쳤을 뿐인데'라고 생각할지 몰라도 담임교사 입장에서는 엄하게 야단할 수밖에 없습니다. 문제는 이렇게 야단맞는 일이 반복되면 아이로서는 자신감이 떨어지고 위축된다는 것입니다.
장난이 심한 아이는 반드시 입학 전에 지도 부탁드립니다. 가벼운 역할극이나 입장 바꿔 말해보기 같은 지도를 반복해서 해주세요.

엄마 : "지우야, 학교에서 친구가 널 이렇게 때렸어. 그럼 어떤 기분이 들까?"
아이 : "아프고 기분 나빠요."
엄마 : "그 친구는 장난이라고 했는데? 그건 어떻게 생각해?"
아이 : "장난이어도 기분 나쁘고 싫어요."
엄마 : "그래. 장난으로라도 하면 안 되는 행동들이 있어. 그걸 알고 있어야 친구들이 지우를 좋아해 줄 거야. 장난으로라도 하면 안 되는 행동은 어떤 걸까?"

이때 아이의 입으로 해도 되는 행동, 안 되는 행동을 구별해서 말해보게 하세요. 이런 지도가 반복되어야만 아이가 심한 장난은 치지 않아야 한다는 걸 내면에 터득하게 됩니다.
내적으로 터득하고 깨우친 부분은 행동으로도 나타나기 마련입니다. 평소에 자주 이 부분을 이야기 나눠보세요.

아이의 원활한 교우 관계를 위한 꿀팁

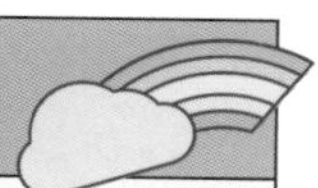

첫째, 친구의 말을 귀담아듣도록 지도해 주세요.
비단 아이뿐 아니라 어른도 자기 말을 잘 들어주는 사람을 좋아합니다. 당연히 학교에서도 친구들 말을 잘 들어주는 아이가 인기 있고, 친구들하고 잘 지냅니다.
친구의 말이 다 끝나면 질문하기, 친구가 말하는 동안 맞장구치기, 친구의 눈을 쳐다보기 같은 지도를 하셔야 합니다. 이건 평소에 엄마의 눈을 보면서 듣기, 엄마의 말이 다 끝날 때까지 기다리기, 엄마가 말할 때 웃으면서 들어주기 등으로 바꿔서 지도하면 좋겠지요.
둘째, 웃는 얼굴로 대합니다.
아이가 잘 웃는다는 건 그만큼 밝고 긍정적인 에너지를 주변에 나눠준다는 뜻입니다. 긍정적인 에너지가 넘치는 아이들은 친구들에게도 듬뿍 사랑받습니다. 소극적이고 내성적이라고 하더라도 걱정하지 마세요. 수줍게라도 웃으면서 친구에게 반응해 주면 아이들이 좋아합니다.
아이가 잘 웃으려면 부모가 잘 웃어야 한다는 점 꼭 기억해 주세요. 하루에 한 번은 깔깔 소리 내서 웃어보기, 재미있는 영상 함께 보면서 웃기, 재미있는 이야기 나누기 등 작은 것부터 실천해 보면 아이도 점점 밝아질 거예요.

아이가 교우 관계로 힘들어할 때

- **판단은 나중에**

  "그 애가 잘못했네", "너 우리 아이한테 함부로 말한다며?", "우리 애랑 친하게 지내줄래?" 이런 식의 개입과 판단보다는 아이 스스로 상황 속에서 성장하도록 심리적으로 지지해 주세요.

- **최선을 다해 들어주기**

  "엄마한테 자세히 말해줄래? 우리 지우 이야기 듣는 게 지금 제일 중요해."

- **무조건적인 공감 표현하기**

  "그랬구나. 우리 아들 정말 많이 힘들었겠다."

  "쉽지 않았을 텐데 엄마한테 털어놔 줘서 고마워."

- **상황을 객관적으로 전달하기**

  특별히 우리 아이에게만 찾아온 고통은 아니라는 걸 알려주세요.

  "친구랑 의견이 다를 수 있고, 그러다 다툴 수도 있어."

  "엄마도 어떤 사람이랑은 되게 불편해. 아마 다 그럴걸?"

  "내 마음을 알아주는 친구는 나중에 천천히 만날 수도 있어."

D-Day 69

자기 물건은 자기가 정리해요

초등학교에서는 아이가 등교하면 반드시 해야 하는 일들이 있습니다. 가장 먼저 신발장에 신발을 넣고, 사물함과 책상을 정리해야 합니다. 오늘 배울 교과서와 공책, 필통, 학습 준비물 등을 꺼내서 책상에 가져다 놓고 나머지는 사물함에 넣어서 깔끔하게 주변을 정리 정돈하는 것입니다.

무엇이 필요할까요?

정리 정돈으로 하루를 시작하는 만큼 정리 정돈이 무엇인지 먼저 아이와 함께 짚어보는 게 중요해요.
정리 정돈은 혼용해서 많이들 쓰는데, 정리와 정돈은 뜻이 조금 다릅니다. 정리는 필요 없는 물건을 버리는 것이고, 정돈은 물건의 쓰임에 따라 적절하게 배치하는 것입니다. 깔끔하게 생활하기 위해서는 정리도 중요하고 정돈도 중요하지요.

교실에서 유난히 정리 정돈을 못 하는 아이들이 있습니다. 대부분 집에서 한 번도 자기 물건을 정리하거나 방을 치워보지 않은 아이들이에요. 부모님이 너무 친절하게 아이가 해야 할 일을 다 해줘 버리면 아이는 배워야 할 행동을 습관으로 만들 기회를 놓칩니다.

초등학교에서는 아이들 스스로 알아서 해야 하는 일이 많습니다. 아이가 친구들과 함께 있는 교실에서, 혼자만 정리 정돈을 어려워한다면 학교에서 적응하기가 힘들어질 수 있어요. 그러니 아이 스스로 하루에 10분씩만 주변을 정리 정돈할 수 있도록 지도 바랍니다.

정리 정돈 습관을 잡아주는 꿀팁

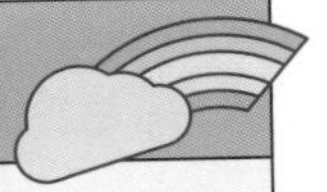

- **책상을 치워요**

아이와 책상에 꼭 있어야 하는 물건의 목록을 만들어보세요. 색연필, 연필, 좋아하는 책, 지우개 등이 있겠지요. 이것 말고는 전부 서랍에 넣거나 치우도록 해보세요. 깔끔한 책상에서 공부도 더 잘 된답니다.

- **자고 난 자리를 정돈해요**

이불을 스스로 개는 습관은 한번 들이면 평생 갑니다. 아침에 조금만 서둘러도 자기가 자고 난 자리 정도는 치울 수 있습니다.

- **가방을 정리해요**

가방에 장난감, 색종이, 딱지 같은 잡동사니를 넣어 다니는 아이들이 더러 있어요. 매일 집에 오면 필요 없는 물건은 정리해서 쓰레기통에 버리게 하세요. 꾸준히 매일 반복해서 지도하면 나중엔 꼭 필요한 물건만 넣어서 다니게 돼요.

- **사물함을 정돈해요**

초등학교 사물함은 보통 직육면체 상자와 같은 구조입니다. 자물쇠를 달아서 잠글 수도 있는데, 열쇠를 잘 관리하지 못하면 자물쇠가 없느니만 못하답니다. 사물함에 어떤 물건을 넣을지, 넣지 말아야 할지 미리 정돈해 보게 하면 아이들이 나중에 사물함을 정리할 때 도움이 많이 됩니다.

D-Day 68

배움이 느린 아이, 어떻게 알 수 있을까요?

아이마다 배우는 속도가 다르지요? 배우는 속도가 빠른 아이가 있는가 하면 유난히 느린 아이도 있습니다. 빠른 아이는 빠른 아이대로, 느린 아이는 느린 아이대로 부모는 고민이 많지요. 배움이 느린 아이일 경우 특히 학교에서 적응할 때 어려움을 겪을까 염려되기도 하고요.

무엇이 필요할까요?

보통은 배우는 속도가 느린 아이를 '느린 학습자'라고 부릅니다. 이런 학습자의 유형에 대해 먼저 아는 것이 중요해요. 《느린 학습자의 공부》란 책에서 발췌한 내용입니다. 느린 학습자가 보이는 신호에는 어떤 것이 있는지 살펴볼까요?

- 부산한 행동을 자주 한다.
- 집중력이 부족하다.
- 언어발달이 느리다.
- 한글과 수 개념을 배우는 걸 어려워한다.
- 신체 움직임이 또래와 매우 다르다고 생각된다.
- 좌우를 구분하지 못한다.
- 멀고 가까움을 구분하지 못한다.
- 힘 조절을 하지 못한다.
- 자기가 하고 싶은 말만 한다.

- 자세가 나쁘다.
- 공부에 대한 의욕이 없다.
- 주의를 줘도 달라지지 않는다.
- 집단활동을 잘하지 못한다.
- 다른 사람과 대화를 활발하게 하지 못한다.
- 자기가 하기 싫은 일은 안 하려고 고집을 피운다.
- 그 자리에서 적절하게 대응하지 못한다.
- 수 세기나 계산을 배워도 잘하지 못한다.

아이가 어릴 땐 대부분 주의력이 짧고 집중력이 약합니다. 하지만 눈에 띌 정도로 배우는 게 유난히 더디고, 다른 아이들보다 현저하게 이해력이 떨어지고 주의가 산만하다면 고민만 할 게 아니라 전문가의 도움을 받는 게 좋습니다. 초등학교 입학 전에 최소한의 집중력과 주의력을 길러주지 않으면 수업을 따라가지 못해 힘들어지기 때문입니다.
초등학교에 입학해서도 여전하다면 이런 부분을 담임교사에게 솔직하게 이야기하고 수업 시간에 아이를 배려해달라고 부탁하는 게 좋습니다. 아이에게 어떤 식으로 도움을 줘야 하는지 담임교사가 고민할 수 있게 충분한 시간을 주는 것이지요.

지체 말고 전문가와 상담하세요

아이가 언어적인 발달에 어려움을 보인다면 언어치료 전문가에게, 소근육이나 대근육 발달, 혹은 감각에 대한 어려움이 있다면 감각통합 치료사에게, 심리적인 어려움을 겪고 있다면 미술치료·심리치료·놀이치료 선생님에게 도움받을 수 있습니다.
학습이 느린 아이의 부모 중엔 아이 걱정에 지나치게 방어적일 때가 있는데, 전문치료사, 돌봄교사, 담임교사 등 아이를 직접 학습시키는 주체들과는 각을 세우지 말고 긴밀한 협력 관계를 구축해야 한답니다.

D-Day 67

학습 준비물을 사러 가요

초등 입학을 앞둔 아이에게 가장 설레는 일은 아마도 준비물을 사러 가는 게 아닐까 싶어요. 새 학기를 시작할 때 아이들이 대형문구점에서 북적거리는 걸 보면 긴장한 표정 반, 설레는 표정 반이거든요.

초등학교는 새 학기가 시작되면 담임교사가 학년 특성에 맞게 다양한 준비물을 갖추도록 안내합니다. 정확한 준비물은 새 학기가 시작되어야 알 수 있다는 뜻입니다. 그때까지는 학교생활에 꼭 필요한 기본적인 준비물만 갖추고 나머지는 천천히 준비해도 돼요. 꼭 새것이 아니더라도 형이나 언니가 쓰던 걸 물려 써도 괜찮습니다.

무엇이 필요할까요?

초등학생이라면 누구나 갖춰야 하는 공통 준비물과 개인별로 갖추는 개인 준비물로 나누어 정리했습니다. 아이에게 필요한 물품들을 미리 숙지해서 잘 챙겨갈 수 있게 지도해 주세요.

- 공통 준비물 : 가방, 신발주머니, 실내화 등
- 개인 준비물 : 물통, 치약, 칫솔, 양치컵, 손 닦는 작은 수건, 필통(연필 3자루, 지우개 1개) 등
- 학습 준비물 : 과목별로 수업에 필요한 준비물로 교육청에서 지원

슬기로운 준비물을 위한 꿀팁

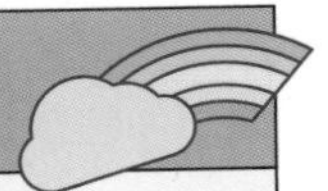

그밖에 학습에 필요한 준비물은 대부분 시도교육청에서 지원해 주는데, 알아두면 도움이 됩니다. 2023년 기준으로 인천교육청은 학생 1인당 4만 5천 원을, 서울시교육청은 5만 원을, 전북교육청은 4만 원을 지원하고 있습니다. 지역마다 지원금액에 조금씩 차이가 있지요.
교육청에서 지원하는 학습 준비물에는 매우 다양한 문구류가 포함되는데요. 예를 들면 테이프, 고무줄, 색연필, 풀, 가위, 칼, 색종이, 도화지나 스케치북, 각도기, 자, 컴퍼스, 물감, 붓, 크레파스, 수수깡, 훌라후프, 줄넘기, 호루라기 등입니다.

담임교사는 이것 말고도 과학, 실과, 사회 등 모든 과목 교과서를 샅샅이 살펴서 수업할 때 필요한 준비물을 알뜰하게 준비합니다. 과목별로 아이들이 수업할 때 필요한 거의 모든 준비물이 지원되지요.
물론 이런 준비물 말고도 8칸 공책, 알림장, 물티슈, 화장지, A4 색지, A4 파일꽂이 등을 준비하라고 안내하는 학교도 있습니다. 담임교사나 학교 방식에 따라 약간씩 차이가 있기 때문에 나머지 세세한 준비물은 담임교사의 안내에 따르면 됩니다.

D-Day 66

공립학교, 국립학교, 사립학교 무엇이 다를까요(1)?

초등학교 입학 전에 사립학교나 국립학교로 보내야 할지, 가까운 공립학교로 보내야 할지 고민하는 학부모들이 많지요. 이들 학교가 저마다 무엇이 다른지 하나씩 살펴보겠습니다.
학교는 누가 설립하느냐에 따라 공립학교, 사립학교, 국립학교로 나뉩니다. 공립학교는 시도교육청에서 설립하고, 사립학교는 개인이나 법인이 설립합니다. 국립학교는 교육부, 즉 국가에서 설립합니다. 학교의 설립 주체가 중요한 이유는 그에 따라 운영 방식이 달라질 수 있기 때문이에요.

무엇이 필요할까요?

공립학교, 사립학교, 국립학교가 어떻게 분류되는지 먼저 살펴보겠습니다.

1. 공립학교

우리가 주변에서 가장 흔하게 볼 수 있는 게 공립학교입니다. 이 공립학교는 시도교육청에서 설립하고 운영합니다. 예를 들어볼게요. 새로 아파트 단지가 들어서서 주민 수가 갑자기 많아진 동네가 있다고 해볼게요. 주민이 많아지면 자연스럽게 초등학생들도 많아지겠지요? 이때 시도교육청에서는 입학할 학생 수가 얼마나 될지 예측한 다음, 그에 맞는 규모의 학교를 세웁니다.

이렇게 공립학교는 학교를 짓는 것부터 시작해서 어떤 식으로 설계하고 언제 문을 열지, 학교 이름은 어떻게 지을지까지 모두 시도교육청에서 정합니다. 필요하면 학교를 짓기도 하고, 필요가 없어지면 학교를 닫기도 합니다. 이런 식으로 시도교육청에서 학교 운영에 관련된 모든 관리를 하지요. 아이들을 가르치는 교사를 발령 내고 때가 되면 이동하도록 하는 것도 당연히 시도교육청에서 하는 일입니다.

공립학교는 집 근처에서 볼 수 있는 거의 모든 학교예요. 실제로 모든 학교라고 해도 틀린 말이 아닌데, 사립초등학교나 국립초등학교는 수가 매우 적고, 이들 학교가 아예 없는 지역도 많기 때문입니다.

공립학교의 가장 큰 장점은 아무래도 비용적인 측면입니다. 시도교육청에서 학교를 운영하는 데 들어가는 온갖 비용을 모두 지원하기 때문이지요. 하다못해 전기세와 수도세도 시도교육청에서 냅니다. 아이들은 교육청에서 지원하는 다양한 사업의 혜택을 직접 받을 수 있지요.

특히 공립학교에선 아이들이 매우 다양한 교사를 만날 수 있어요. 3월 1일에 발령받은 신규 교사를 만날 수도 있고, 나이 많은 베테랑 교사를 만날 수도 있습니다. 물론 반대의 경우로 학부모의 마음에 안 드는 교사를 만날 수도 있다는 단점도 있습니다. 공립학교는 아이들이 다양한 경험을 할 수 있는 평범하고 일반적인 학교라고 할 수 있겠지요.
대한민국 아이들 99%는 공립학교에 다닙니다. 수가 매우 적지만, 사립학교나 국립학교에 대해서도 함께 알아볼게요.

D-Day 65

공립학교, 국립학교, 사립학교 무엇이 다를까요(2)?

2. 국립학교

공립학교가 시도교육청에서 설립한 학교라면 국립학교는 국가에서 설립한 학교로 국립초등학교라고 부릅니다. 공립과 국립이 비슷해 보이긴 해도 사실 주체가 국가이기 때문에 그만큼 차이가 있죠. 국립학교는 국가에서 직접 설립한 학교인 만큼 특별한 목적이 있어요. 교육과정, 교과서, 교육실습 같은 굵직한 교육 정책들을 시범적으로 운영하고 적용해 보는 일을 모두 이 국립학교에서 하거든요.

대한민국에서 국립초등학교는 많지 않아요. 각 시나 도에 있는 교육대학교에서 교대생들의 교육실습을 목적으로 운영하는 부설초등학교가 다입니다. 국가가 직접 관리하고 감독하기 때문에 인근 지역의 학생 수가 늘어나거나 줄어든다고 해도 국립초등학교의 수는 늘거나 줄지는 않습니다.

국립초등학교로는 서울교대부설초등학교(서울), 서울대사범대학부설초등학교(서울), 경인교대부설초등학교(경기인천), 청주교대부설초등학교(충북), 공주교대부설초등학교(충남), 전주교대부설초등학교(전북), 광주교대부설초등학교(광주), 진주교대부설초등학교(경남), 안동부설초등학교(경북), 대구교대부설초등학교(대구), 춘천교대부설초등학교(강원), 울산교대부설초등학교(울산), 부산교대부설초등학교(부산), 제주교대부설초등학교(제주), 한국교원대부설초등학교(전국), 이화여대부속초등학교(전국) 등이 있습니다.
참고로 서울대사범대학부설초등학교는 최근 국가법인체제로 바뀌었습니다. 우리나라에서는 유일하게 이곳만 국가법인으로 운영되고 있습니다.

이들 부설초등학교는 모두 교육부에서 관리하는 국립초등학교입니다. 교육부 소속이기 때문에 공립학교처럼 시도교육청의 지시나 관리를 받지 않습니다. 저도 국립부설초등학교에서 5년 동안 근무했습니다. 자녀들이 어릴 때라서 워킹맘으로서는 너무나 힘들었지만, 교사로서 가장 열정적으로 일했던 시기였습니다.

국립초등학교는 교육과정을 개정할 때마다 실험용 교과서로 수없이 많은 연구를 하는데요. 이것은 사실 국립초등학교 교사들의 열정 없이는 불가능합니다. 대한민국에 도입되는 수많은 실험적 교육 방법은 국립초등학교에서 밤낮없이 연구하고 개발해서 나온 것이라고 해도 틀린 말이 아닙니다.

국립초등학교는 학생들이 교복을 입고 다니는 데다가 1년에 4번씩 교생들이 교육실습을 나오는 점도 독특합니다. 지금은 공립학교에서도 교육실습생을 받지만, 기본적으로 교대생의 실습을 책임지고 교육하는 것도 국립초등학교의 일입니다.

부설초등학교는 지역 전체에서 학생을 모집하기 때문에 추첨으로 학생을 선발합니다. 추첨 경쟁률은 보통 3 대 1 이상이며, 경쟁률이 높은 학교는 수십 대 일까지 경쟁률이 치솟기도 합니다. 일반적으로 입학생의 10%는 후보생으로 뽑아서 결원이 생기면 후보 순위대로 전입도 가능하지요. 국립초등학교가 엄마들의 로또라는 말이 괜히 나온 말이 아니랍니다.

국립초등학교의 가장 큰 장점이라면 커리큘럼이나 교육과정에 대한 학부모들의 만족도가 높다는 것입니다. 시범적으로 교육과정을 운영하고, 다양한 수업을 연구하다 보니, 자연스레 그렇게 되는 것입니다. 교사들도 일정 경력 이상이 되고, 엄격한 면접을 여러 차례 통과해야만 국립초등학교 교사로 근무할 수 있습니다. 교사들에 대한 학부모들의 만족도도 매우 높지요.

D-Day 64

공립학교, 국립학교, 사립학교 무엇이 다를까요(3)?

3. 사립학교

사립초등학교는 단체, 기관 등 법인에서 설립해서 운영하거나 개인이 운영하는 학교를 말해요. 개인의 교육철학과 이념을 바탕으로 설립되는 학교이고, 법인에서 설립하기 때문에 국립학교나 공립학교와 달리 종교적 색깔을 띠기도 합니다. 서울에만 38개의 사립초등학교가 있습니다.

국립초등학교나 공립초등학교는 국가나 시도교육청이 설립하고 관리하기 때문에 교사도 교대나 시도교육청이 선발합니다. 사립학교는 법인이 채용합니다. 교사들은 한 번 채용이 되면 공립학교나 국립학교와 다르게 학교를 옮기지 않아요. 대부분 처음 채용됐던 학교에 남아서 꽤 오랜 시간 근무하지요. 인사이동이 없고, 승진에 제한이 있다는 점은 교사들에겐 단점이지만, 반대로 우수한 교사가 오랜 시간 같은 학교에서 자신의 교육철학을 펼칠 수 있다는 것이 장점이 될 수도 있습니다.

공립학교는 학생들에게 정책에 따라 여러 가지 다양한 지원을 합니다. 비용이 거의 들지 않지요. 하지만 사립초등학교는 등록금, 학비, 방과후수업, 통학버스비, 학교 운영지원금 등에 비용이 들어갑니다. 아이마다 매달 적게는 수십만 원에서, 많게는 수백만 원까지도 들 수 있어요. 연간 학비로 따지면 서울 사립초등학교 기준 천만 원 이상입니다.

사립학교에서는 비용이 많이 드는 만큼 좋은 환경, 좋은 시설, 좋은 프로그램을 제공하기 위해 노력합니다. 아주 단순하게 말해서, 만족스럽지 않다면 학부모가 아이를 보내지 않겠지요. 비싼 학비를 감수하고도 사립초등학교에 보내는 경우는 대부분 늦게까지 학교에서 운영하는 다양하고 질 좋은 프로그램과 교육활동 때문입니다. 예술, 체육, 영어, 외국어 등의 프로그램이 상당히 우수한 수준으로 제공되고, 여러 가지 체험활동도 훌륭합니다.

최근에는 코로나-19로 공립학교가 문을 닫았던 시기조차 사립초등학교에서는 쌍방향 원격 수업을 했지요. 이 점은 학부모들에게 톡톡히 인기를 끌기도 했습니다. 2020년 코로나 시기를 지나면서 교육의 공백이 상대적으로 적었다는 점이 학부모들에게 크게 인정받았는데요. 덕분에 2016년 1.9 대 1 경쟁률이 2023년에는 12.6 대 1까지 치솟았습니다. 공교육의 위기라는 말이 나오던 코로나 시기를 거치면서 오히려 경쟁률이 치솟았다는 점이 눈여겨볼 만합니다.

공립학교나 국립학교에 비해 비용이 비교적 많이 들어가긴 하지만, 경제적인 부담이 없다면 사립초등학교에서 다양한 활동을 경험해 볼 수도 있겠지요.
다만, 상급학교에 진학했을 때 단점도 있습니다. 예를 들어 사립초등학교의 다양하고 질 높은 프로그램들을 경험하다가 중학교에 가면 갑자기 연계가 안 되고 만족스럽지 못하고 겉도는 느낌이 들 수 있어요. 반면 공립학교는 그런 이질감 없이 중학교에 가서도 자연스럽게 어우러집니다. 학생들이 모두 같은 방식으로 공부해 왔기 때문이지요.

공립초등학교, 사립초등학교, 국립초등학교 모두 이렇듯 다양한 장점들이 있답니다. 뭐니 뭐니 해도 가장 중요한 것은 아이가 편안하고 즐겁게 학교에 다니는 것이겠지요.

D-Day 63

돌봄교실에선 무슨 일을 하나요?

유치원은 아이가 하원할 때까지 담임교사와 함께 있습니다. 특별히 유치원을 벗어나는 일이 없기 때문에 가정에서도 공간 이동이나 시간적인 텀이 생겨서 불안하거나 걱정스러운 부분은 별로 없는 편입니다.
초등학교는 그렇지 않아요. 담임교사가 수업이 끝나고 하교 지도를 하고 난 다음은 학생 스스로 알아서 집에 가야 하고, 알아서 학원도 가야 해요. 만약 아이가 학원에 가야 하는데 학원버스가 오기까지 약간 남는 시간이 생긴다면 어떻게 해야 할까요?

무엇이 필요할까요?

이럴 때를 대비해서 초등학교에는 돌봄교실이 있습니다. 돌봄교실은 말 그대로 아이가 실제로 하교하기 전까지 남아 있는 시간에 아이를 돌봐주기 위한 교실이에요. 돌봄전담사 선생님들이 따로 돌봄교실에서 학생들을 관리하고 프로그램을 운영합니다. 실제적인 하교까지 시간적 여유가 있을 때 아이가 배회할 일 없이 시간을 때우지 않고 간식도 먹고 재미있는 프로그램에 참여할 수 있기 때문에 돌봄교실의 수요는 갈수록 늘고 있습니다.

최근 교육부는 돌봄교실 수요를 조사했는데요. 2022년 기준 만 5살부터 초등 5학년까지 학부모 12만 1,562명을 대상으로 설문한 결과, 49.5%가 돌봄교실이 필요하다고 응답했다고 합니다. 그만큼 학부모들이 아이가 하교할 때까지 누군가 아이를 돌봐주기를 간절하게 희망한다고 볼 수 있겠지요.
실제로도 초등 1학년이나 2학년은 대부분 돌봄교실을 신청하는데요. 우리 학교만 해도 1학년은 담임교사가 하교 지도를 해도 대부분 돌봄교실로 이동해서 시간을 보내다가 집에 갑니다.

돌봄교실에선 학생의 출석을 반드시 확인합니다. 누가 왔는지, 언제 가는지, 아픈지, 열이 나는지 등 아이를 세심하게 확인한 다음 아이가 해야 할 일을 안내해줍니다. 체육활동, 종이접기, 전래놀이, 칼림바나 우쿨렐레 같은 악기 배우기, 보드게임, 구연동화 등 다양한 프로그램이 진행됩니다. 중간에 가벼운 간식도 주고요.
돌봄교실은 상대적으로 허용적이고 편안한 상태에서 돌봄에 집중합니다. 교실보다 오히려 돌봄교실이 더 편하다고 말하는 아이도 많아요. 덕분에 비교적 더 즐겁게 참여하고, 아이들이나 학부모들의 만족도도 높은 편입니다.

돌봄교실 이용 꿀팁

돌봄교실은 언제, 어떻게 신청할까요?
학교에선 아이가 입학이 결정되고 예비소집까지 다녀오면 돌봄교실을 신청하라는 안내를 합니다. 운영되는 돌봄교실은 몇 개 안 되는데, 돌봄교실을 원하는 학부모는 많기 때문에 요즘은 대부분 추첨합니다. 학교에 따라서는 돌봄교실의 경쟁률이 수십 대 일까지 치솟기도 해요. 맞벌이 가정, 다자녀 가정, 저소득층 가정 등에 우선순위가 있습니다.

초등학교에는 연계형 돌봄이라는 특수한 형태의 돌봄 프로그램도 있습니다. 아이가 담임교사의 하교 지도 이후에 방과후학교에 갈 때까지 시간차가 생기는 경우가 가끔 있어요. 이때 아이를 돌봐주는 프로그램입니다. 보통은 40분이나 한 시간 내외로 시간차가 짧기 때문에 가벼운 활동을 하면서 시간을 보냅니다.

돌봄교실은 대부분 저녁 5시나 7시까지 운영됩니다. 최근에는 저녁 8시까지 돌봄교실을 확대해서 운영하는 늘봄교실을 교육부에서 내놓았는데요. 인천, 경기, 대전, 경북, 전남 5개 지역에서 시범적으로 운영하고 있지만, 점점 확대될 예정입니다.

D-Day 62

방과후학교에서는 무슨 일을 하나요?

방과후학교는 학원에서 배우는 사교육을 학교에서 적은 비용으로 할 수 있는 프로그램들을 말합니다. 공교육에서 방과후학교를 운영하는 목표가 이런 만큼 사교육에서 하는 거의 모든 프로그램을 방과후학교에서도 똑같이 경험할 수 있습니다. 다양한 경험을 많이 해볼수록 아이들의 특기와 적성을 계발할 수 있으니, 학교에서 질 좋은 방과후학교가 운영되고 있다면 적극적으로 참여해 보기 바랍니다.

제 큰아이는 시골에서 초등학교를 다녔는데, 방과후학교에서 피아노를 배웠습니다. 피아노 학원에서 배우는 내용과 똑같은 걸 학교에서 더 싸게 배울 수 있는 데다가 굳이 학원버스 타고 이동하지 않아도 돼서 저도 아이도 무척 만족했습니다.

무엇이 필요할까요?

방과후 프로그램의 진행 방식과 종류 등을 먼저 알고 있는 게 좋아요. 학교마다 개설된 프로그램이 있고, 개설되지 않은 프로그램도 있는데요. 이건 해마다 만족도 조사와 함께 개설 과목에 대한 희망 조사를 받으니까 이때 개설을 희망하는 과목을 적어주면 돼요. 학교에서는 기존에 없던 과목이라도 개설되기를 희망하는 아이가 많으면 학교운영위원회를 거쳐서 새로 개설하기도 합니다.

방과후학교는 프로그램이 다양하고 많아요. 기초수학, 영어, 종합체육, 뉴스포츠, 바둑, 밴드, 로봇과학, 레고, 오케스트라, 종이접기, 음악줄넘기, 국악관현악단, 사물놀이 등 아이들이 어렸을 때 백화점이나 쇼핑몰 문화센터에서 경험했던 다양한 프로그램들이 학교에도 그대로 들어와 있다고 보면 돼요.

방과후학교는 신청 기간이 정해져 있습니다. 학기가 시작되기 전에 신청을 받는데, 보통 앱이나 문자로 신청 안내를 해줍니다. 과목마다 학생 수도 천차만별이라서 20명에서 25명까지 비교적 많은 학생이 함께 듣는 과목도 있고, 이보다 훨씬 적은 수가 듣는 과목도 있습니다.

비용이 사교육에 비해 상대적으로 싼 점, 다양한 프로그램을 경험해 볼 수 있다는 점, 이동하지 않고 학교에서 활동이 이루어진다는 점, 수학이나 영어 같은 교과목의 수업이 가능하다는 점, 학교에서 과목의 만족도와 강사 관리를 한다는 점 등은 방과후학교의 장점입니다.
비용은 과목당 3~4만 원 선이 가장 일반적이지만 과목에 따라 조금씩 차이는 날 수 있습니다. 학원보다 저렴한 비용으로 다양한 활동을 할 수 있으니, 방과후학교도 학교에서 미리 정해둔 인원이 초과할 경우 추첨을 한답니다. 추첨 결과는 학부모에게 따로 안내해요.

반면에 아무래도 비용이 저렴한 만큼 과목당 학생 수가 많을 수 있고, 초등 1학년부터 6학년까지 방과후학교 과목을 함께 수강하기도 하는 점은 학부모들에겐 살짝 아쉬운 부분일 수 있습니다.

방과후학교 100% 활용하기

방과후학교는 여러 학년과 반 친구들이 섞여 있기 때문에 좀 더 자유로운 분위기에 지도교사 역시 허용적인 편입니다. 아이들은 방과후수업을 놀이와 배움의 중간 정도로 여기는 경우도 있습니다.
좋아하는 친구와 같은 수업을 들어도 좋지만, 평소엔 친하게 지내지 않은 친구들과도 방과후수업을 같이 하며 가까워지는 경우도 많아서 사교성이 부족하거나 관계에 어려움을 겪는 아이에게 좀 더 편안한 사교의 장이 될 수 있습니다.

D-Day 61

학교까지 혼자 걸어가기 연습해요

초등학교에서는 여러 가지로 아이가 혼자 힘으로 해내야 하는 일이 많습니다. 아플 때 혼자 보건실까지 가기, 필요할 때 교사에게 도움 요청하기, 급식 맛있게 먹기, 바르고 따뜻한 말과 행동하기, 이런 것들은 모두 아이 스스로 판단하고 해내야 하는 일들이에요. 그중에서도 중요한 일이 있답니다. 아이가 혼자 학교까지 걸어가게 하는 일이에요.

무엇이 필요할까요?

초등학교는 집과 학교 사이의 거리가 멀지 않아요. 특별히 국립초등학교나 사립초등학교로 진학하지 않는 이상 아이들은 걸어서 다닐 정도의 학구에 있는 학교로 입학하지요. 처음엔 부모님이나 통학 도우미가 아이의 등하교를 도와주겠지만, 나중에는 아이 혼자서도 통학할 수 있어야 합니다.

부모가 늘 데려다주고 데려오면 좋겠지만, 초등학교에서는 그렇지 않을 때도 많아요. 때로는 아이 혼자서 집에 가야 하는 일이 생길 수도 있고요. 부모가 아이의 등하교를 도와주거나 통학버스를 이용하더라도, 아이가 길을 알고 있는 것과 모르는 것은 하늘과 땅만큼 차이가 있습니다. 입학 전에 여러 번 연습해서 학교까지 가는 길을 익히게 해주세요.

학교 가는 길 연습하기 꿀팁

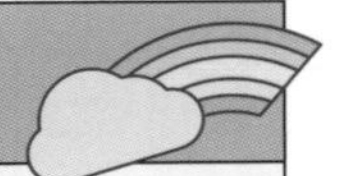

- 학교까지 가는 모든 길을 아이 혼자서 걸어간다고 상상하면서 부모님과 함께 연습해요. 길을 완벽하게 외울 수 있도록 단계별로 연습합니다.

  첫째 날 : 아파트 문을 열고 나와서 엘리베이터 앞에 서기 → 엘리베이터 버튼 누르기

  둘째 날 : 아파트 문을 열고 나와서 엘리베이터 앞에 서기 → 엘리베이터 버튼 누르기 → 엘리베이터에서 내려서 아파트 입구까지 걸어가기

  셋째 날 : 아파트 문을 열고 나와서 엘리베이터 앞에 서기 → 엘리베이터 버튼 누르기 → 엘리베이터에서 내려서 아파트 입구까지 걸어가기 → 아파트 입구 횡단보도까지 걸어가기

  넷째 날 : 아파트 문을 열고 나와서 엘리베이터 앞에 서기 → 엘리베이터 버튼 누르기 → 엘리베이터에서 내려서 아파트 입구까지 걸어가기 → 아파트 입구 횡단보도까지 걸어가기 → 횡단보도 건너기

  다섯째 날 : 아파트 문을 열고 나와서 엘리베이터 앞에 서기 → 엘리베이터 버튼 누르기 → 엘리베이터에서 내려서 아파트 입구까지 걸어가기 → 아파트 입구 횡단보도까지 걸어가기 → 횡단보도 건너기 → 인도로 걸어가기 등

- 길을 모르는 가상의 아이가 있다고 상상하게 하세요. 이 아이에게 어떻게 길을 알려줄 것인지 설명해 보게 하세요. 설명이 미흡하거나 잘 설명하지 못한다면 길을 잘 모르는 것입니다. 아이와 다시 반복해서 길찾기를 연습해 보세요.

아이와 이렇게 대화해요

엄마 : "지우야, 초록별초등학교까지 가는 길을 옆집 사는 세빈이한테 알려준다고 해보자. 어떻게 설명해 주면 좋을까?"

아이 : "일단 아파트 입구까지 가서 횡단보도를 건너야 해. 건넌 다음에 이쪽 길을 쭉 따라가면 돼."

엄마 : "얼마나 가야 하는지도 설명해 볼까?"

아이 : "걸어서 가려면 10분은 걸려."

D-Day 60

주소와 전화번호, 부모님 이름을 말할 수 있어요

올해 대학에 간 제 큰아이가 유치원에 다니던 여섯 살 때 일이에요. 하루는 친정어머니에게 맡겼다가 어머니가 그만 아이를 잃어버렸습니다. 울고불고 온 동네를 찾아다닌 끝에 30분 만에야 아이를 찾았는데, 그때 경찰이 하는 말이 아이에게 집 주소와 전화번호 등을 물어봤지만 대답을 잘 못하더랍니다. 아이를 잃어버린 것도 충격이었지만, 당연히 기억하는 줄 알았던 연락처를 대답하지 못한 것도 충격이었습니다.

무엇이 필요할까요?

아이들은 어리기 때문에 당황하고 놀라면 주소, 전화번호, 부모님 이름 등을 잊어버릴 수 있다는 걸 늘 염두에 둬야 합니다. 저희 아이가 그랬던 것처럼요. 평소에 아이에게 물어보면 줄줄 말하기에 당연히 잘 아는 줄 알았지만, 막상 주소와 전화번호가 정말로 필요한 상황이 왔을 때는 당황해서 대답을 잘 못한 것이었지요.
초등학교 1학년이라면 주소, 전화번호, 부모님 이름을 줄줄 말할 수 있어야 해요. 툭 치면 툭 나올 정도가 돼도 잊어버릴 수 있다고 생각하면서 야무지게 연습시키길 바랍니다. 저는 아이를 잃어버린 다음에야 뒤늦게 이걸 깨달았지만, 이 책을 읽는 독자들은 부디 평소에 수백, 수천 번 연습해서 수시로 물어보세요.

연락처와 주소를 재미있게 기억하는 꿀팁

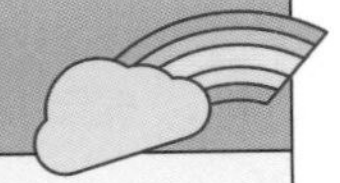

- **전화번호로 카드놀이 하기**

① 명함처럼 작고 빳빳한 종이를 여러 장 구합니다.

② 카드에 숫자를 하나씩 써넣습니다.

③ 카드를 모두 섞은 다음 뒤집어놓습니다.

④ 아이와 가위바위보를 해서 이긴 순서대로 카드를 하나씩 가져옵니다.

⑤ 엄마 번호나 아빠 번호 등 가족들의 전화번호를 빨리 만드는 사람이 이깁니다.

이렇게 응용해요!

같은 놀이를 응용해서 엄마 아빠 번호 중 일부만 놓고 필요한 카드가 무엇인지 맞히게 합니다. 이때 일부러 틀린 번호를 말해서 인지적 자극을 주면 더 좋아요.

예) 010-12□4-6789

엄마 : "지우야, 엄마 번호 가운데 숫자를 만들 때 필요한 숫자카드는 뭐지?"

아이 : "3이요."

엄마 : "어? 엄마는 5 같은데?"

아이 : "아니에요. 엄마 번호는 1234니까 3이 있어야 해요."

엄마 : "그럼 지우가 숫자카드 한번 여기에 놓아볼래?"

D-Day 59

횡단보도를 혼자 건널 수 있어요

학교까지 가는 길을 혼자서 찾아갈 수 있을 만큼 연습했다면 이번에는 횡단보도를 혼자 건너보도록 해보세요. 초등학교에 입학하기 전에 충분히 연습해두면 나중엔 혼자서도 차분하게 횡단보도를 건널 수 있지요.

다행히 유치원과 초등학교 주변 도로는 어린이를 보호하기 위해 필요하다고 인정하는 지역을 어린이보호구역으로 지정하고 있습니다. 더 정확하게는 초등학교 교문을 중심으로 반경 300미터 이내 도로 중 일정 구간을 어린이보호구역으로 지정하고 있지요.

무엇이 필요할까요?

어린이보호구역에 대한 이해가 먼저 필요해요. 이 어린이보호구역에서는 자동차 통행을 금지하거나 제한할 수 있고, 자동차가 마음대로 주정차하지 않도록 금지하고 있습니다. 주행 속도도 시속 30킬로 이내로 제한하고 있지요. 모두 과속카메라나 주정차 단속카메라로 엄격하게 단속하고 있습니다. 주정차는 물론이고, 과속도 하면 안 됩니다.

유치원에서는 어린이교통공원 등에 방문해서 실습하는 일도 더러 있지만, 초등학교에 입학한 다음에는 횡단보도 건너기를 실습하는 일은 많지 않아요. 가정에서 평소에 반복해서 지도하기 바랍니다.

아이가 횡단보도를 건널 때 주의할 점은 크게 다섯 가지입니다.

- **일단 멈추기**

  횡단보도 앞에서는 파란 신호가 켜져 있어도 일단 멈춰야 합니다. 아이들은 보통 파란 신호가 켜져 있으면 후다닥 건너려고 하기 때문에 횡단보도에서는 절대 서두르지 말고 일단 멈추도록 지도해 주세요.

- **주위를 살피기**

  도로의 양쪽을 번갈아 살펴봅니다. 다가오는 차가 없다는 것을 확인한 다음에야 도로를 건너게 합니다. 또, 횡단보도 양쪽에 차가 세워져 있으면 운전자가 보행자를 볼 수 없어 위험하니 그럴 땐 더욱 조심히 주위를 살핀 후 건너야 한다고 꼭 지도해 주세요.

- **손 들고 건너기**

  운전자들은 차 안에서 건너다보기 때문에 키가 작은 아이들을 놓치기 쉬운데요. 초등 저학년처럼 키가 작을 때는 손을 들고 건너도록 합니다. 중간에 신호가 바뀌더라도 당황하지 않고 끝까지 차분하게 손을 들고 건너게 지도해 주세요.

- **횡단보도에선 우측 보행하기**

  횡단보도를 건널 때 오른편을 이용해 주세요. 차는 보행자의 왼쪽에서 오기 때문에 아이가 횡단보도의 오른쪽으로 건너게 되면 몇 미터 정도의 간격이 생기게 됩니다. 교통사고가 나더라도 피해를 최소로 줄일 수 있습니다.

- **도로를 건널 때는 휴대전화 보지 않기**

  생각보다 많은 사람이 횡단보도를 건너면서도 휴대전화를 봅니다. 요즘은 아이가 어려도 휴대전화를 갖고 다니는 경우가 많아서 아이들도 자연스럽게 어른들의 이런 행동을 보고 배웁니다. 도로를 다닐 때는 절대 휴대전화를 들여다보지 않도록 꼭 지도해 주세요.

아이에게 이렇게 주의를 주세요

"파란 신호가 끝나갈 땐 서둘러 건너지 말고 다음 신호를 기다려야 해."

"신호가 바뀌자마자 바로 건너면 미처 신호를 보지 못한 차와 부딪힐 수 있어."

"자동차가 오는 방향을 보면서 건너야 해. 파란 신호여도 자동차가 오고 있으면 주의해야 해."

"바퀴 달린 신발은 신으면 안 돼."

D-Day 58

요일을 말할 수 있어요

초등학생이 되면 유치원 때보다 하루가 좀 더 타이트하게 지나간다는 걸 아이들도 느낍니다. 바쁘게 하루하루 지내다 보면 어느새 금요일이 돼 있고, 주말을 보내고, 또 월요일이 돼서 학교와 관계된 시간의 개념과 패턴이 서서히 잡히게 되죠.

무엇이 필요할까요?

초등학교에 입학하기 전에 요일을 가르쳐주면 아이의 학교생활에 도움이 돼요. 물론 학교에 다니게 되면 정말 자연스럽게 요일 개념이 생겨나지만, 그때까지 헤매는 것보다 미리 요일을 익혀두면 더 좋겠지요.

월요일 다음에 무슨 요일이 올까, 금요일 다음은 무슨 요일일까, 이렇게 순서를 익히는 게 중요합니다. 유치원에서도 여러 번 익히기 때문에 가정에서 아이와 함께 게시판을 만들어서 달력과 요일 등을 직접 써보게 하면 아이가 친숙하게 익힐 수 있습니다. 달력은 숫자 개념도 잡아주고, 요일도 익힐 수 있어서 아주 유용하답니다.

한 걸음 더 응용해서 요일별 기분 달력을 만들어보세요.

아이와 요일 개념 익히기 꿀팁

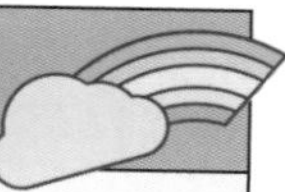

<오늘은 무슨 날일까요?>

김지우

2024년	( )월	( )일	( )요일	(아이가 동그라미에 표정 이모티콘을 그리고 설명해 보도록 하세요)

D-Day 57

안전띠를 혼자 맬 수 있어요

전에 가족들과 미국에 갔을 때 일입니다. 공항으로 마중 나온 교민분이 "선생님, 미국에선 뒷자리도 반드시 안전띠를 매야 해요. 안 매면 벌금이 50만 원입니다."라고 해서 깜짝 놀랐어요. 미국에서 여행하는 내내 가족들 모두 뒷자리 앉는 경우에도 안전띠를 열심히 하고 다녔지요.

우리나라는 2019년부터 전 좌석 안전띠 의무화가 시작됐지만, 실제로는 뒷자리에 앉는 사람까지 안전띠를 착용하는 경우는 흔치 않습니다. 어릴 때부터 습관을 들여야 나중에도 자신의 안전을 자기 손으로 지킬 수 있어요.

일본에서 조사한 바에 따르면 안전띠를 매면 중상이나 사망률이 0.4~0.5% 정도지만, 미착용하면 4.2배나 높아진다고 합니다. 뒷좌석 안전띠 미착용은 사망 또는 중상에 이를 확률이 9.2배나 높아진다고 하니, 안전띠는 선택이 아니라 필수겠지요[1].

초등학교에선 현장체험학습을 가거나 외부로 이동할 때 버스에 탑승하는 일이 종종 있습니다. 이때 담임교사는 아이들에게 안전띠를 의무적으로 착용하게 합니다. 아이가 자기 손으로 안전띠를 매지 못하면 교사가 일일이 챙겨야 합니다. 아이 스스로 최소한의 안전을 지킬 수 있도록 안전띠를 매고 풀 수 있도록 지도해 주세요.

---

1) http://www.motorplex.co.kr/news/articleView.html?idxno=725 뒷좌석 안전벨트 미착용, 사망률 4배 커지는 세 가지 이유, 모토플렉스 인터넷 신문기사 인용

무엇이 필요할까요?

평소에 가정에서 차로 이동할 때마다 안전띠를 하는 습관을 잡아주어야 합니다. 가까운 곳을 간다고 해도 일단 차에 타면 무조건 안전띠부터 매는 연습을 여러 번 반복해서 해주세요.

- 차에 타면 가족 모두 안전띠를 합니다.
- 가까운 곳을 이동할 때도 안전띠를 해야 한다고 가르쳐주세요.
- 스스로 안전띠를 끼우고 푸는 걸 반복해서 연습하게 해요.
- 아이 손으로 안전띠를 할 수 있을 때까지 계속 연습합니다.
- 내릴 때도 아이 스스로 안전띠를 풀어야만 내릴 수 있다고 지도해 주세요.
- 안전띠가 아이 몸을 지나치게 조이거나 숨이 막히지 않도록 안전띠가 반드시 어깨를 지나가게 해주세요. 안전띠가 아이 목을 압박하지 않게 수건과 쿠션 등을 활용합니다.

차로 이동할 때마다 여러 번 반복해요

"지우야, 차에 탔는데 뭐 잊은 거 없어? 그렇지, 안전띠는 꼭 매야 하는 거야."

"안전띠가 꼬이지 않게 잘 정리해 볼까?"

"시트 안쪽까지 깊숙이 앉았으면 안전띠 소리가 딸깍 들리도록 버클을 채워봐."

D-Day 56

신발의 좌우를 알아요

전문가들은 아이가 좌우를 구별하려면 만 5세는 돼야 한다고 말합니다. 그전까지는 아이들이 왼쪽과 오른쪽을 헷갈려서 신발의 좌우를 바꿔 신는 경우도 많습니다. 물론 이 시기가 지난 다음에도 왼쪽과 오른쪽을 헷갈리는 아이도 있습니다.
초등학교에서는 아이들이 실내화에서 운동화로 갈아 신고 밖에 나가는 일이 종종 있기 때문에 아이가 좌우를 헷갈려 곤란해하는 일이 왕왕 벌어진답니다.

무엇이 필요할까요?

만약 아이가 아직 좌우를 헷갈린다면 초등학교 입학 전에 신발의 왼쪽, 오른쪽 정도는 구별하도록 지도해 주세요.
가정에서 쉽게 지도하는 방법 중 하나가 신발 안쪽 깔창에 스티커를 붙여주는 것인데요. 요새 엄마들 사이에서 유행하는 방법입니다. 아이가 어리면 신발 겉면에 스티커를 붙여줘도 되지만, 입학을 앞두었다면 타인의 눈에 띄는 걸 부끄러워할 수 있습니다. 이런 경우는 눈에 띌 정도로 커다란 빨간색 원형 스티커를 반씩 잘라서 깔창에 붙여줍니다. 아이에게 신발을 신을 때 안쪽에 있는 원형 스티커 모양이 동그라미가 돼야 한다고 설명하면 금방 따라 한답니다.

이 좌우의 구별은 한글을 배울 때도 매우 중요한 능력 중 하나입니다. 한글은 소리를 나타내는 표음문자이기 때문에 일단 글자와 글자 소리를 외워야만 합니다. 이때 ㅅ과 ㅈ처럼 글자가 살짝만 달라져도 전혀 다른 소리가 나는 글자가 됩니다. 왼쪽과 오른쪽을 구별하는 것이 중요한 이유이죠.

밥 먹는 손을 기준으로 오른손잡이라면 오른손, 오른쪽으로 연관 지어 가르쳐주는 것도 좋습니다.

아이가 발바닥 모양을 이해하면 좋아요

① 종이 위에 아이의 양 발바닥을 대고 펜으로 발바닥 곡선을 그려주세요

엄지발가락 쪽이 살짝 높고 새끼발가락으로 갈수록 하향 곡선을 그린다는 걸 눈으로 확인할 수 있게요.

② 종이 위에 아이의 양쪽 신발도 놓고 같은 방식으로 밑창 곡선을 그려주세요

아이의 신발 곡선 역시 발바닥 곡선처럼 엄지 쪽이 살짝 높다는 걸 인식시켜 줍니다.

D-Day 55

직선을 그려요

한글을 가르칠 때 학부모들이 많이 고민하는 것 중 하나는 아이가 글씨를 잘 못 쓴다는 겁니다. 대부분 아이가 삐뚤빼뚤 글씨를 쓴다고들 하시는데요. 글씨가 아직 예쁘지 않은 데에는 다 나름의 이유가 있어요.

아이들의 성장은 대근육에서 소근육으로, 그다음 미세한 신경다발들 순으로 발달합니다. 아이가 글씨를 잘 못 쓰는 가장 주된 이유는 아직 소근육에 힘이 없어서 그래요. 손에는 작고 미세한 근육들이 많아요. 커다란 근육이 가로지르는 다리나 팔과 달리 손에는 손가락까지 뻗어 있는 작고 섬세한 근육들이 많습니다. 이 미세한 근육들을 소근육이라고 부릅니다.

무엇이 필요할까요?

아직 소근육 발달이 마치지 않은 상태에서는 글씨를 쓴다거나 젓가락질을 한다거나 하는 일들이 모두 어렵습니다. 색종이를 귀퉁이가 딱 맞게 접는 것조차 아이들은 어렵답니다. 꾸준히 격려해서 이런 소근육을 쓰는 일을 충분히 연습하게 해야 글씨쓰기 같은 섬세한 일들을 잘 해낼 수 있어요.

글씨를 본격적으로 쓰기에 앞서 선을 그리는 연습을 하면 나중에 글씨를 배울 때도 훨씬 예쁘게 쓸 수 있습니다. 한글은 조화와 균형이 굉장히 중요한 글자입니다. 좌우의 대칭과 상하의 균형을 조화롭게 써야만 예쁜 글씨를 쓸 수 있어요.

예쁘게 글쓰기 꿀팁

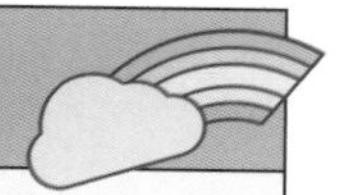

선 긋기는 모든 글자 쓰기의 시작이기 때문에 선 긋기를 연습하면 할수록 정교하게 획순에 따라 글씨 쓰는 일을 잘할 수 있게 된답니다. 자를 대고 직선을 그어도 되냐고 묻는 아이가 가끔 있는데요. 자를 이용하는 것은 직선을 직접 손으로 그리는 것만큼의 효과는 없어요. 협응력을 기른다는 건 눈으로 보고, 손으로 정교한 작업을 하는 것이니까요.

아래의 선을 따라 그어봅니다.

예쁘게 글쓰기 꿀팁

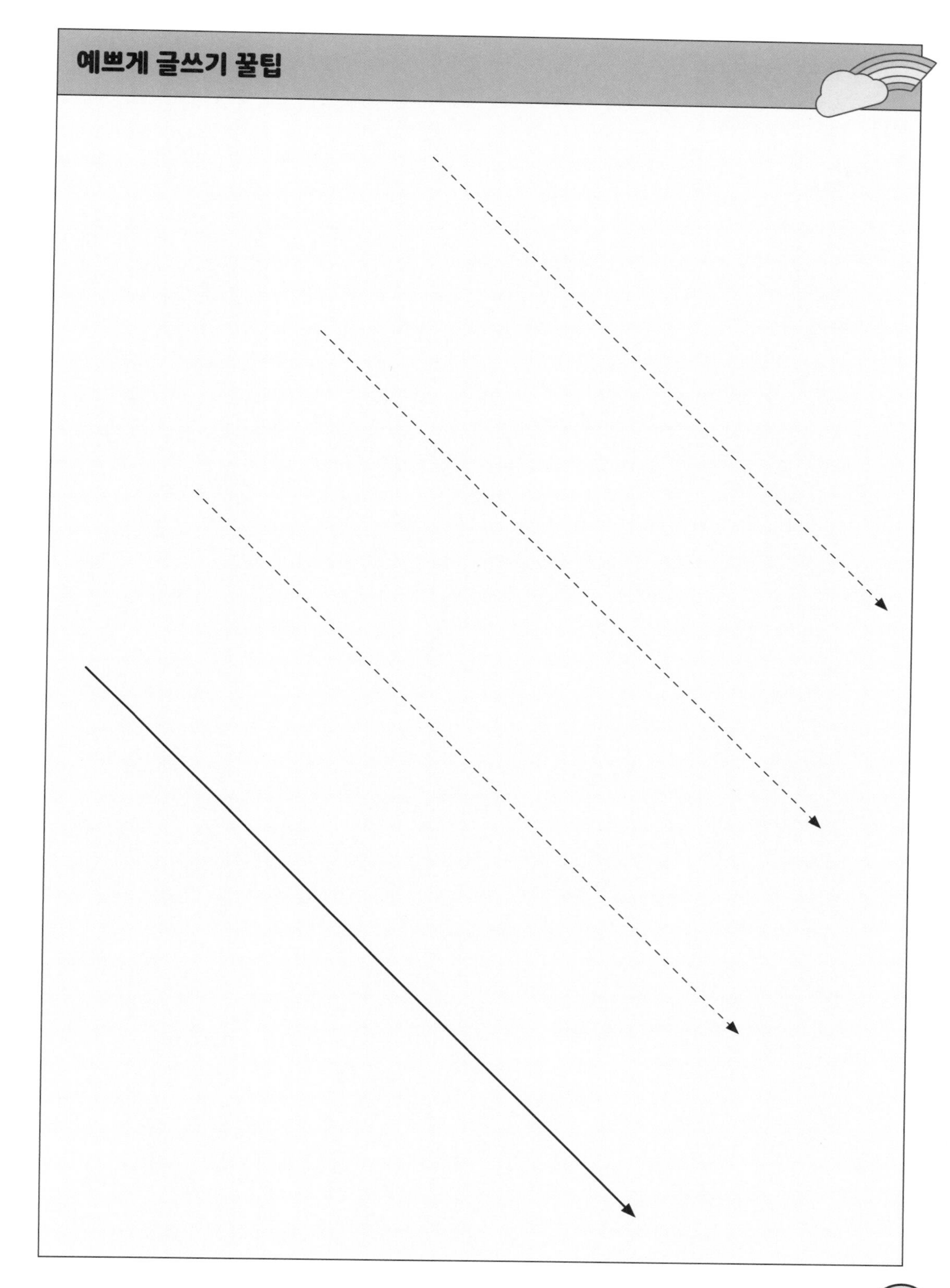
예쁘게 글쓰기 꿀팁

예쁘게 글쓰기 꿀팁

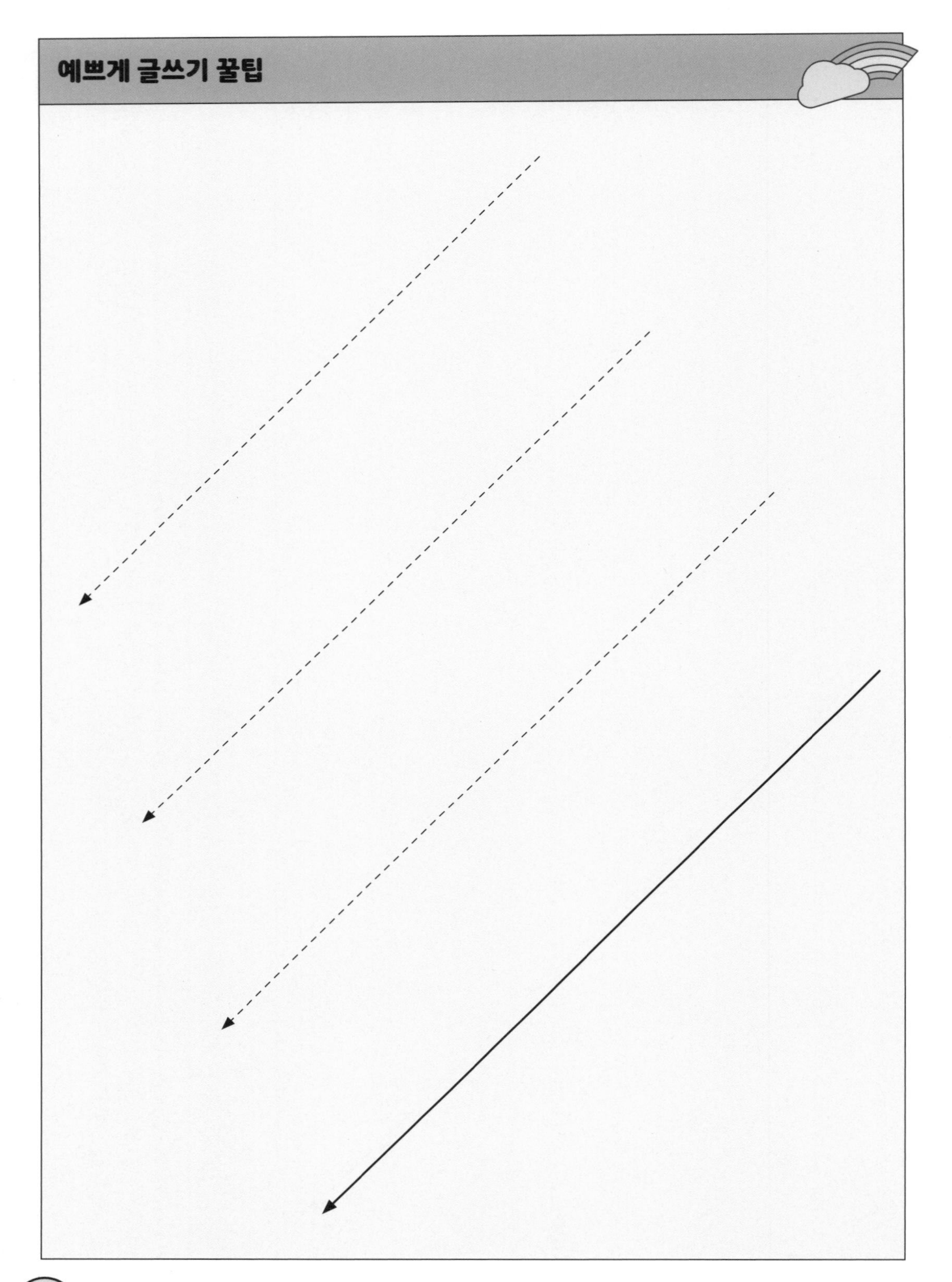

D-Day 54

곡선을 그려요

한글에는 원형 글자들이 있어요. ㅎ, ㅇ이지요. 특히 ㅇ은 받침으로도 많이 쓰이고, 모든 모음 글자에도 써요. 동그라미를 그리는 연습을 해두면 글씨가 자연스럽게 예뻐지고, 손과 눈의 협응력도 좋아져요.

무엇이 필요할까요?

동그라미를 그리려면 일정한 부분에서는 손의 힘을 빼고 방향을 틀어줘야 합니다. 이걸 꾸준히 연습하다 보면 저절로 정교하고 섬세한 작업을 할 수 있게 되지요. 사소하고 작아 보이지만, 이런 섬세한 그리기 활동은 아이들의 두뇌 발달에 너무나 좋답니다. 아이들과 함께 동그라미, 곡선 그리기 등 다양하게 도전해 보세요.

곡선 예쁘게 그리기 꿀팁

D-Day 53

점선을 이어요

아이가 신체운동을 하기 위해서는 대근육 운동과 소근육 운동 두 가지를 모두 할 수 있어야 합니다. 대근육은 가슴, 등, 팔, 어깨, 배, 허리, 하체, 종아리 같은 큰 근육을 말해요. 소근육이란 손가락이나 얼굴처럼 정교한 동작이나 움직임을 할 때 사용하는 근육을 말해요.
소근육 운동능력은 생후 1년부터 취학 전까지 발달해요. 눈과 손이 협응할 수 있어야 하고, 두 손을 사용하는 협응능력도 필요하고, 사물을 정교하게 조작하는 능력, 손가락의 민첩성과 손을 다루는 근육의 힘 모두가 필요하답니다.

무엇이 필요할까요?

요즘은 요양병원이나 치매예방센터에서도 점선 긋기, 색칠하기, 종이접기 같은 손을 이용하는 활동을 적극적으로 하게 합니다. 그래야만 뇌가 굳어버리지 않고, 제 기능을 되찾기 때문이에요. 그만큼 손을 쓰는 정교한 활동은 하면 할수록 좋다는 점, 꼭 기억하기 바랍니다.

점선 잇기는 직선이나 곡선 그리기만큼이나 손과 눈의 협응력 발달에 좋아요. 특히 숫자가 있는 점선 잇기는 아이들에게 자연스럽게 숫자를 익히게 하는 데에 유용하지요. 섬세하게 집중해서 손을 써야 하는 활동이니 소근육 발달에도 당연히 좋습니다. 점선을 따라 선을 잇다 보면 전혀 보이지 않던 새로운 도형이나 그림이 나타나기 때문에 아이들의 창의력 발달에도 좋답니다.

소근육 운동을 위한 꿀팁

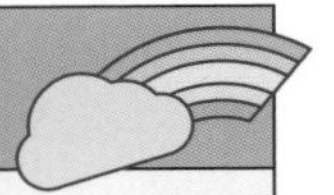

혹시라도 아직 삐뚤빼뚤하게 선을 잘 못 긋는다고 해도 괜찮아요. 꾸준히 연습하고 반복하면 곧 좋아집니다.

- 아무것도 없는 점 도안에 선을 그어서 새로운 도형을 만드는 활동을 해주세요. 아래의 샘플을 참고해서 그대로 따라 긋게 하는 활동도 좋습니다. 뇌를 자극하고, 모방하는 인지능력을 키워주기 때문이에요.
- 아이가 좋아하는 다양한 캐릭터나 도형을 이용해서 점선 잇기 활동을 해보세요. 요즘은 인터넷에도 점선 잇기 활동 도안지가 많이 나와 있답니다.

D-Day 52

악기를 연주해요

주의집중력은 아이가 공부하는 데에 가장 결정적인 인지능력입니다. 주의집중력은 주의력과 집중력을 합친 단어로, 주의력은 필요한 데에만 주의를 기울이는 것을, 집중력은 이 주의를 끈기 있게 지속하는 힘을 말해요. 우리 뇌의 다른 모든 능력이 그렇지만, 주의집중력도 평소 훈련하면 꾸준히 향상된답니다.

그렇다면 어떤 식으로 주의력을 높일 수 있을까요? 사회적, 정서적, 인지적 능력은 물론이고 주의력까지 높인다는 과학적 연구 결과를 얻어낸 방법이 있습니다. 바로 음악, 춤, 연극 같은 예술활동입니다.

무엇이 필요할까요?

예술활동이나 악기 연주는 단순히 아이의 예술적 감각과 정서 함양에만 도움이 되는 게 아니에요. 아이의 지능도 높여주고, 주의집중력 또한 길러집니다. 예술적인 감각과 정서도 길러지고, 지능은 지능대로 높여주고, 주의집중력까지 길러진다고 하니 이 좋은 걸 안 할 이유가 없겠지요.

아직 아이가 어릴 때 하기 싫어하는 악기 연주를 무리하게 시킬 필요는 없어요. 음악, 춤, 연극 같은 즐겁고 기분 좋은 경험을 자주 접함으로써 예술활동을 낯설어하지 않고 친근히 여기도록 이끌어주세요. 즉흥 연주나 노래 듣고 따라서 연주해 보기, 악보 읽기 같은 활동들로 적절한 인지적 자극을 줄 수 있습니다.

아이가 즉흥연주에 익숙해지는 꿀팁

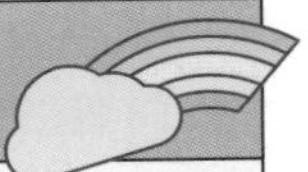

- 뮤지컬이나 영화를 보고 생각나는 것을 짧은 음계로 연주해 보게 합니다.

엄마 : "지우야, 오늘 인어공주 영화 봤잖아. 어떤 느낌이었어?"

아이 : "인어공주가 바다에서 헤엄치는 게 좋아 보였어."

엄마 : "좋아 보였다는 건 어떤 뜻일까? 좀 더 자세하게 말해줄래?" (단답형으로 짧게 답했을 때 답변을 부드럽게 이끌어보세요)

아이 : "신나고 자유로울 거 같았어. 물고기들도 많아서 재미있을 것 같아."

엄마 : "그러니까 지우는 물고기들이랑 같이 헤엄치면 재미있고 신나고 자유로울 것 같다는 거지?" (아이의 의견을 정리해서 말해주세요)

아이 : "응. 신나고 자유롭고 재미있을 것 같았어."

엄마 : "그럼, 우리 집에 있는 트라이앵글로 한 번 쳐볼까. 마구 때리면 시끄러우니까 부드럽게 땡, 땡, 하고 쳐주면 좋겠다."

아이 : (음악에 맞춰 부드럽게 트라이앵글을 쳐봅니다)

악기를 처음 가르칠 때 기억할 점

첫째, 악보 보는 것에 집착하지 않기

아직 악보를 정확히 읽고 연주하기 어려운 나이예요. 음원, 연주 동영상 등을 먼저 들려줘서 스스로 음의 높낮이, 길이, 셈여림 등을 직관적으로 느껴보도록 합니다.

둘째, 연습량에 연연하지 않기

소근육이 다 발달하지 않은 때라서 손가락을 분리해 움직이는 자체가 어려울 수 있어요. 하루에 3~5번 정도 지도자와 함께 즐거운 분위기에서 연주해도 충분합니다.

셋째, 어릴 때부터 음악 자체를 많이 접하기

기능적인 부분을 교육하기에 앞서 아름다운 음악을 넘치도록 듣고 부모와 함께 음악에 맞춰 춤도 춰보는 등 연주 동영상, 공연 등을 충분히 경험시켜 주세요.

D-Day 51

분리수거를 해요

초등학교에서는 아이들에게 분리수거를 가르쳐요. 교실에서도 그렇지만, 급식실에서도 분리수거해야 하는 일이 종종 있어요. 급식실에서 점심을 먹을 때 간식으로 나오는 자잘한 음료수병, 요구르트병, 아이스크림 봉지 등 다양한 분리수거 거리가 나오거든요.
담임교사들은 이걸 모두 아이들에게 지도합니다. 요구르트를 먹고 난 다음 은박 껍질과 플라스틱병을 나눠서 버리거나, 작은 쥬스병의 플라스틱 뚜껑과 병을 나눠서 버리는 식이지요.

무엇이 필요할까요?

요구르트병만 해도 1학년 아이들 대부분이 교사에게 의지해서 은박 껍질을 벗기는데요, 이 작은 거 하나만 잘해도 친구들이 아주 대단하게 바라본답니다. 친구들에게 의기양양하게 보여주고, 담임교사에게도 의젓한 아이라고 칭찬받는 게 바로 이런 작은 일들이라니, 정말 재밌고 귀엽지 않나요?
요구르트병 껍질 벗기기 정도는 가정에서 미리 연습해 보면 좋을 거 같아요. 학교에서 좀 더 당당하고 신나게 분리수거에 참여할 수 있을 테니까요.

아이가 알면 도움 되는 분리수거 꿀팁

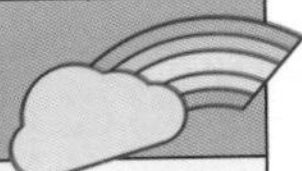

- 튜브형 아이스크림 봉지는 일반 쓰레기입니다. 플라스틱이 아니에요.
- 페트병은 껍질을 벗기고, 납작하게 눌러줘요.
- 과자봉지는 물로 헹궈서 버려요.
- 택배 내용물을 감싸는 뽁뽁이는 비닐류로 분리해요.
- 컵라면 용기처럼 코팅된 스티로폼은 재활용할 수 없어요.
- 칫솔은 솔과 손잡이의 재질이 달라요. 일반쓰레기로 버려요.
- 우유팩이나 종이컵은 코팅이 돼 있어요. 종이류로 버리면 안 돼요.
- 뼈나 달걀 껍데기, 조개껍데기는 일반쓰레기입니다.

가정에서 이렇게 지도해요

"페트병은 물로 헹군 뒤에 겉에 붙은 라벨을 떼어야 해. 지우가 해볼까?"

"우유팩은 우유를 잘 헹구고 펼쳐서 말려야 해. 지우가 한번 해볼까?"

"스티로폼은 옆에 붙은 테이프와 스티커를 잘 떼야 해. 지우가 한번 해볼까?"

D-Day 50

색칠하기를 연습해요

선을 넘어가지 않고 부드럽게 색을 칠하는 연습도 아이들의 소근육 발달과 협응력 발달에 아주 좋아요. 다양한 도형에 색을 칠해본 다음에는 간단하게 설명해 보게 도와주세요. 왜 이런 색을 골랐는지, 왜 이 부분에 그 색을 칠하고 싶은지 물어보고 이야기 나눠보세요.

외국에서는 아이가 그림을 그리면 단계별로 설명을 하게 한다고 해요. 구상할 때, 스케치할 때, 채색할 때, 작품을 완성했을 때 모두 아이 스스로 직접 사람들 앞에서 설명해야 하는데, 이때 글로도 작품에 관해 설명해야 한다고 합니다. 우리가 채색하는 스킬을 강조하는 것과는 많이 다르지요.

아이가 어릴 때는 다양한 색깔을 익히는 것만으로도 시각적 자극을 받아요. 두뇌 발달에 큰 도움이 되죠. 직접 물감이나 크레파스로 다양하게 색을 칠하게 하면 아이들의 정서와 두뇌 발달에 도움이 된답니다.

앞에서 살펴본 것처럼 집중력과 주의력, 인지적 능력과 지능까지 좋아지는 게 예술활동입니다. 손과 눈의 협응력을 길러주고 다양한 색채 감각으로 인지적 자극을 줄 수 있는 색칠하기, 다양하게 자주 활용해 보세요.

이때 너무 인위적이고 정형화된 그림에 색칠하는 것은 그다지 좋지 않아요. 이미 다 정해져 있는 테두리 안에 색칠하는 것만으로는 우리가 의도하는 적절한 인지적 자극이 주어지기 어렵거든요. 그보다는 차라리 명화를 바탕으로 한 그림이라던가 아이가 평소 그렸던 낙서 같은 작품에 색칠을 꼼꼼하게 해보게 하는 것이 더 좋아요.

이렇게 지도해요

- **테두리를 벗어나게 색칠하더라도 나무라지 않아요**

  "선 밖까지 색칠하다니, 지우 참 과감한데? 이번엔 선을 넘지 않도록 해볼까?"

- **아이가 일반적이지 않은 색을 칠하면 지지해 주세요. 이유도 물어봅니다**

  "지우가 칠한 구름은 초록색이구나! 왜 이 색으로 칠했는지 설명해 줄 수 있어?"

- **색칠을 다 했다면 아이 스스로 직접 제목을 써놓도록 지도합니다**

  "이 그림에 제목을 붙인다면 뭐라고 하고 싶어? 지우가 직접 적어보자."

D-Day 49

계이름을 외워요

우리가 아는 서양 음계는 일곱 음으로 구성돼 있어요. 도, 레, 미, 파, 솔, 라, 시인데요. 악기를 연주하고 음악을 이해하기 위해서는 이 기본 음계를 알고 있어야 하고, 계이름으로 따라 부를 수 있어야 해요.

무엇이 필요할까요?

가정에서 검은 테이프로 바닥에 커다란 피아노 건반을 만들어보세요. 몸으로 익힌 계이름은 절대 안 잊어버린답니다.

드라마 〈도깨비〉에 여자주인공이 횡단보도를 건널 때 도로 바닥 색이 바뀌는 장면이 나옵니다. 저는 1학년을 가르칠 때 바닥에 검은 테이프를 붙여서 피아노 건반을 만들어주었어요. 아이들에게 그냥 계이름을 가르칠 때는 재미없고 딱딱하게 외워야 하는 것이었지만, 바닥에 그려진 대형 피아노 건반으로 가르칠 때는 직접 건반과 건반 사이를 뛰어다니는, 무척 즐겁고 신나는 놀이가 됐습니다.

D-Day 48

색깔의 이름을 알아요

눈으로 보는 색은 정말 다양하지요. 빨강, 노랑, 파랑, 검정, 하양…. 셀 수 없이 많은 색이 있고, 이 색은 다채롭게 빛나면서 세상을 수놓습니다. 색의 이름을 알고 세상을 보는 것과 색의 이름을 모르는 채 세상을 보는 것은 다릅니다. 아이들이 얼마나 세상을 제대로 묘사할 수 있느냐 하는 것도 이런 이해에서 나오거든요.

무엇이 필요할까요?

아이가 일상적으로 무지개색을 익힐 수 있도록 집에서 함께 지도해 주세요. 유치원에서 배워서 다 아는 것 같아도 교실에서 물어보면 색깔의 이름을 잘 모르는 아이들이 더러 있습니다. 충분히 반복하지 않아서 미처 다 외우지 못한 거예요.

무지개를 색칠하면 일곱 개의 색깔을 익힐 수 있어요. 빨강, 주황, 노랑, 초록, 파랑, 남색, 보라는 무지개의 기본색입니다. 색이 모두 사라지면 남는 것은 하얀색이에요. 색이 모두 더해지면 검정이 되고요. 이 아홉 색에서 모든 색이 만들어진답니다.

다양한 색이름 익히는 꿀팁

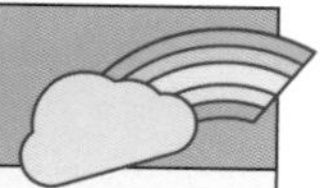

물감놀이를 하면서 색을 다양하게 섞는 연습을 해보세요. 다양한 색깔의 이름도 함께 배울 수 있어요.

물감으로 색칠하는 게 어렵다면 물에 녹는 수채화 색연필도 좋아요. 색연필로 색칠한 다음 붓에 물을 묻혀 왔다 갔다 색칠하면 자연스럽게 퍼지는 모습을 볼 수 있어요.

색칠하기가 어렵다면 스티커 붙이기도 좋아요. 가까운 문구점에서 동그란 스티커를 사다가 도화지나 A4용지에 붙여보게 하세요. 스티커의 색이 무엇인지 가르쳐주세요.

아이가 각각의 색연필로 직접 해당 색의 이름을 적어요

예)

- 빨간색 색연필로 '빨강'이라고 적고 그 옆에 직접 색을 칠해요.
- 초록색 색연필로 '초록'이라고 적고 그 옆에 직접 색을 칠해요.
- 검은색 색연필로 '검정'이라고 적고 그 옆에 직접 색을 칠해요.

기본색을 어느 정도 익혔다면 '자주' '연두' '갈색' '다홍' 등 보다 다양한 색깔 이름으로 범위를 넓혀갑니다.

D-Day
47

3장

초등 입학 당당하게

D-Day 47

씨앗을 심어요

초등 1학년에서 배우는 통합교과에 씨앗 심기에 관련한 단원이 있습니다. 아이들이 땅에 직접 씨앗을 심고 물을 주는 활동을 해보는 것이죠.

무엇이 필요할까요?

이런 활동은 미리 가정에서 지도해 주면 아이가 수업할 때도 무척 자신감 있게 발표하고 이야기도 한답니다. 아주 간단한 활동이지만, 아이에겐 자신감을 심어줄 수 있는 일이지요.

<씨앗 심기>
준비물 : 작은 화분, 강낭콩 여러 개

- 화분에 강낭콩을 심습니다.
- 강낭콩 위에 흙을 덮어줍니다.
- 물을 가볍게 줍니다.
- 씨앗이 어떻게 자라는지 지켜봅니다.
- 그림이나 글로 관찰 일기를 써보면 더욱 좋아요.

씨앗을 모아볼까요?

포장된 씨앗을 팔기도 하지만, 아이가 주변에서 얼마든지 씨앗을 모을 수 있어요. 집에서, 혹은 정원에서 아이가 쉽게 채집할 수 있는 씨앗을 모아보아요.

예) 고추씨, 호박씨, 포도씨, 사과씨, 해바라기씨, 봉숭아씨 등

<방법>

① 과일이나 채소, 혹은 식물의 씨앗 주머니에서 씨앗을 골라내요.

② 씨앗에 붙은 과육이 분리되도록 물에 씻어요.

③ 씨앗을 그늘에서 바싹 말려요.

④ 작은 유리병(혹은 플라스틱 통)에 각각의 씨앗을 넣고 뚜껑을 닫아요.

⑤ 각 병에 씨앗 이름을 적어 보관하면 멋진 씨앗 수집 완성!

D-Day 46

문장으로 말해요

초등학교에 입학하면 수업 시간에 대답해야 할 일이 참 많아요. 담임선생님은 수업하는 내내 질문하고 아이들에게 답을 듣는 식으로 수업하거든요.
1학년 아이들이 대답하는 걸 유심히 살펴보면 몇 가지 유형으로 나눌 수 있어요. 주어와 술어를 넣어서 정확하게 문장으로 대답하는 유형, "저는요", "제가요", "그랬대요" 이런 식으로 주어를 미숙하게 표현하는 유형, 무슨 말을 하는지 알 수 없고 끝까지 말하지 않고 대충 얼버무리는 유형입니다.

무엇이 필요할까요?

주어와 술어가 있는 정확한 문장으로 말하도록 지도해 주세요. 발표는 남에게 내 생각을 말해주는 것이기 때문에 남들이 이해하지 못하는 발표는 발표로서 의미가 없거든요. 선생님이 수업 시간에 질문했을 때 답을 얼버무리거나 끝을 흐리는 식으로 말하면 아이가 무슨 말을 하고 싶은지 잘 이해하기가 어려워요.
말은 습관이라 가정에서 살짝만 지도해 줘도 눈에 띄게 좋아집니다. 수업 시간에 가끔 손을 들고 발표해야 하는 일도 있어요. 이것도 가정에서 함께 지도해 주면 아이가 부담스러워하지 않으면서 적극적으로 수업에 참여할 수 있어요.
무엇보다 평소에 자주 문장으로 말하는 걸 연습하는 게 좋아요. 한국어는 주어를 생략하고 말하는 경우가 많지만, 말하는 사람도 듣는 사람도 주어가 무엇인지 이해합니다. 하지만 수업 시간에는 내 생각을 논리적이고 조리 있게 표현해야 해서 이렇게 주어를 생략하고 말하면 듣는 사람은 무슨 뜻인지 잘 모른답니다.

문장으로 대답하기 지도하는 꿀팁

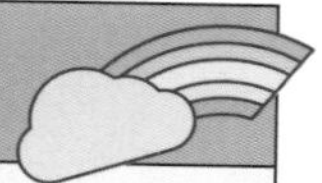

① 명함처럼 빳빳하고 두꺼운 카드를 준비해요.

② 카드에 주어와 술어를 각각 써넣습니다.

③ 아이에게 '은/는/이/가(주격 조사)'가 붙는 말이 주어이고, 문장의 주인공이라고 설명해 주세요. 이 주격 조사가 붙는 말로 말을 시작하도록 지도해야 합니다.

④ '습니다/했어요/이에요'는 모두 주어가 무엇을 했다는 술어라고 설명해 주세요. 말할 때는 항상 술어까지 말해야 한다고 지도해 주세요.

⑤ 주어는 빨간색 펜으로, 술어는 파란색 펜으로 쓰면 아이가 직관적으로 주어와 술어를 이해하는 데에 도움이 돼요.

<주어> 저는	<주어> 제 생각에는	<주어> 우리는

<술어> -습니다	<술어> -합니다(했어요)	<술어> -예요(이에요)

⑥ 주어 카드를 뽑아요. 뽑은 주어 카드로 문장을 시작하는 게임을 합니다.

- '저는' 카드를 뽑은 경우

  엄마 : "지우야, 오늘 유치원에서 점심에 뭐 먹었어?"

  아이 : "저는 밥이랑 김치를 먹었어요."

- '우리는' 카드를 뽑은 경우

  엄마 : "지우야, 오늘 유치원에서 선생님이랑 뭐 하고 놀았니?"

  아이 : "우리는 유치원에서 블록놀이를 했어요."

⑦ 술어 카드를 뽑아요. 뽑은 술어 카드로 문장을 끝맺는 게임을 합니다.

- '-했어요' 카드를 뽑은 경우

  엄마 : "지우야, 오늘 뭐 해야 한다고 했지?"

아이 : "엄마가 밥 먹은 다음에 샤워 혼자 해보라고 했어요."

- '-습니다' 카드를 뽑은 경우

엄마 : "지우야, 책 다 읽은 소감 말해볼까?"

아이 : "저는 이 책이 재미있다고 생각했습니다."

D-Day 45

'왜냐하면'으로 내 생각을 표현해요

주어와 술어가 있는 문장으로 말하기 충분히 연습했나요? 다음은 '왜냐하면 – 때문입니다'로 말하는 것을 연습해 보세요.
이 '왜냐하면 말하기'는 "내 생각은 무엇입니다. 왜냐하면 무엇 때문입니다."처럼 2단 구조로 표현하는 말하기예요. 단순해 보여도 주장을 말하는 가장 기초적인 구조이면서 동시에 토론과 논술의 시작이지요.

무엇이 필요할까요?

아이가 일상에서 논리적인 말하기에 익숙해지도록 지도해 주세요. 제가 평소에 초등학생에게 논술을 지도할 때 가장 먼저 연습시키는 것도 이 '왜냐하면 말하기'입니다. 이 논리적인 말하기에 익숙하지 않은 아이는 아무리 연습해도 논술을 잘 쓰지 못했어요. 논술이란 결국 내 생각을 얼마나 논리적으로 표현하여 남을 설득하는가 하는 글이기 때문이에요.

이 '왜냐하면 말하기'를 그대로 글쓰기로 옮기면 짧지만 논리적인 글이 돼요. 이 구조가 반복되고 커지면 그게 논술이지요. 1학년이나 2학년 아이들은 아직 글쓰기를 하기에 논리적인 사고가 떨어지지만, 이 말하기 훈련만 충실하게 해두어도 3학년 때부터는 제법 논리적인 글을 쓸 수 있게 됩니다. 보기에는 별것 아닌 이 2단 구조 말하기, 꽤 힘이 세지요?
'왜냐하면 말하기'는 매우 기초적이고 단순한 문장이지만, 논리적인 말하기의 가장 기본이 된다는 점 꼭 기억해 주세요.

'왜냐하면 말하기' 제대로 지도하는 꿀팁

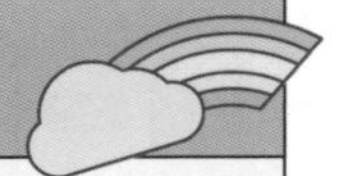

- **아이가 뭔가를 요구할 때 연습하면 좋아요**

아이 : "엄마, 나 아이스크림 먹을래."

엄마 : "지우야, 왜냐하면 말하기로 해보자. 지우 생각은?"

아이 : "나는 아이스크림을 먹고 싶어." (주어와 술어를 넣어서 표현하기)

엄마 : "왜냐하면?"

아이 : "왜냐하면 아이스크림을 먹으면 시원해지기 때문이야." (뒷받침 문장으로 끝을 맺기)

- **무언가를 선택해야 할 때 연습해도 좋아요**

아이 : "나는 짜장면 먹을래."

엄마 : "지우야, 왜냐하면 말하기로 해보자. 지우 생각은 뭐야?"

아이 : "나는 짜장면을 먹고 싶어." (주어와 술어 넣어서 표현하기)

엄마 : "왜냐하면?"

아이 : "왜냐하면 짬뽕보다 짜장면을 더 좋아하기 때문이야." (뒷받침 문장 말하기)

- **찬성과 반대로 나눠서 생각해 볼거리가 있는 주제에 대한 생각을 말해보아요**

엄마 : "쓰레기 분리수거를 하기 싫은데, 이거 안 하면 어떤 일이 생길까. 지우 생각은 어때?"

아이 : "내 생각에는 우리 아파트가 금방 지저분해질 것 같아."

엄마 : "왜 그렇게 생각하는데?"

아이 : "왜냐하면 우리 아파트 쓰레기 분리수거장은 크지 않잖아. 그러면 금방 쓰레기가 가득 찰 것 같아. 그래서 쓰레기 분리수거를 해야 할 것 같아."

D-Day 44

욕하지 않아요

최근에 1학년 선생님 한 분과 이야기 나눌 일이 있었어요. 반에 있는 아이 하나가 욕을 종종 한다더군요. 주변 아이들이 눈이 동그래져서 그 아이가 욕했다고 하루가 멀다고 와서 말해준다고요.

아직 어린 유치원생이나 초등학교 저학년이 욕을 하는 것은 5, 6학년 언니 오빠들이 욕하는 것과는 원인이 달라요. 초등 저학년은 욕이 정확하게 어떤 뜻인지 잘 모르지요. 다만 어렴풋이 그 말이 나쁜 말인 것 같긴 한데, 그런 말을 할 때마다 다른 아이들이 놀라거나 무서워서 움찔거리는 반응이 재미있는 겁니다. 욕하는 아이들은 이 반응을 즐기는 셈이지요.

무엇이 필요할까요?

아직 어린 초등 저학년은 욕을 했을 때 어른이 윽박지르거나 화를 내면서 야단하는 것보다는 짧고 단호하게 지도하는 것이 더 효과적입니다. 무작정 화를 내버리면 왜 욕을 하면 안 된다는 건지 아이가 받아들이기 어렵거든요.

반대로 욕이나 나쁜 말을 제대로 지도하지 않고 대수롭지 않게 생각했다가는 자칫 입에 욕이 배어버려서 나중에는 정말로 '욕하는 아이'가 돼버립니다. 욕도 습관이라 그때 가선 지도하기가 더 어렵답니다.

아이가 욕했을 때는 당황하지 말고 짧고 단호하게 말해주세요.

엄마 : "지우야, 방금 뭐라고 했지?"

아이 : "씨…라고 했어."

엄마 : "그건 듣는 사람이 기분 나쁜 말이야. 안 돼. 다신 하지 마. 엄마가 방금 뭐라고 했지?"

아이 : "씨라고 하지 말라고 했어." (아이 말로 되짚기)

부모가 목소리를 낮춰 분명하고 단호한 어조로 말하면 '아, 이게 나쁜 말이구나'라는 걸 아이가 깨닫습니다. 나쁜 말, 미운 말, 하지 않아야 할 말을 정해놓고 하지 말라고 가르쳐주는 것도 좋아요.

'아이 씨…', '짜증 나', '헐' 이런 표현도 반드시 함께 지도해 주세요. 짜증 난다는 표현은 아직 어떤 감정인지 아이가 잘 몰라서 뭉뚱그려 표현한 것일 수 있습니다. 당황스럽거나 화가 났거나 어색하거나 뻘쭘하거나 하는 다양한 상황에 맞는 감정 표현을 부드럽게 지도해 주세요.
그렇지 않으면 감정 표현을 제대로 배우기도 전에 모든 상황을 뭉뚱그려서 대충 '짜증 나', '헐', '대박'처럼만 표현하게 된답니다.

욕하는 것은 말로 사람을 때리는 것과 똑같아요. 학교에서 작고 사소한 말다툼이 크게 번지는 경우는 모두 욕 때문이랍니다. 단톡방에서 주고받은 욕, 친구에게 문자로 보낸 욕, SNS에 남긴 욕 등이 모두 그런 경우지요. 이렇게 기록으로 남은 욕은 정말로 뭐라 변명할 여지조차 없어요. 어떤 경우에도 절대 해서는 안 되겠지요.
욕하는 아이들은 친구들이 보이는 놀라움, 무서움, 두려움 등의 반응을 재밌어합니다. 아이가 오히려 무덤덤하고 아무렇지 않게 반응해야 '이 아이한텐 해봐야 재미없다'라고 생각해서 이런 행동이 줄어듭니다.

예쁜 말 쓰도록 지도하는 꿀팁

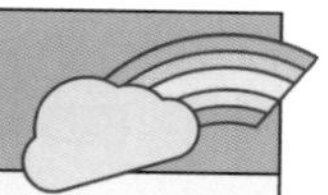

가정에서도 이런 상황에 당황하지 말고, 어떻게 대응해야 할지 미리 생각해두는 게 좋겠지요. 나쁜 말이나 욕을 하는 친구에겐 분명한 어조로 나쁜 말임을 알리고 담임선생님한테도 꼭 말씀드리도록 아이를 지도해 주세요. 욕하는 아이를 지도하는 것은 결국 담임교사의 몫이니까요.

아이 : "엄마, 우리 반 재준이가 욕해서 선생님한테 혼났어."

엄마 : "재준이가 지우한테 욕한 적도 있니?"

아이 : "아니, 없어."

엄마 : "지우는 재준이가 욕하면 어떻게 할 거야?"

아이 : "몰라. 무서워."

엄마 : "지우야, 재준이가 욕하면 분명하게 말해줘야 해. 그런 말 나빠. 하지 마, 라고 말이야. 알겠지? 어떻게 말해야 한다고?" (아이 말로 다시 되짚기)

아이 : "나쁜 말이니까 하지 말라고 말해."

엄마 : "지우야, 선생님한테도 꼭 말씀드려야 해. 그래야 선생님이 재준이를 지도하시거든. 재준이가 나쁜 말은 했지만, 재준이도 친구잖아. 재준이가 좋은 말하는 착한 아이가 됐으면 좋겠지? 네가 재준이랑 굳이 말다툼하지 않아도 돼. 선생님한테 말씀드리면 선생님이 재준이를 잘 지도해 주실 거야." (선생님의 지도를 믿고 따르도록 알려주기)

D-Day 43

이럴 땐 고맙다고 말해요

친구들에게 사랑받는 아이, 선생님에게 귀염받는 아이, 둘의 공통점이 무엇인지 아시나요? 바로 말을 예쁘게 하는 아이들이라는 거예요. 하는 행동도 예쁘지만, 무엇보다 눈에 띄게 말이 예뻐요. 특히 웃는 얼굴로 고맙다는 말을 잘하지요.

교실에서 교사가 학습지 한 장을 나눠줘도 홱 뺏어가듯 채가는 아이가 있고, 고맙다고 고개 숙여서 웃으면서 인사하는 아이가 있어요. 입장을 바꿔서 여러분이 교사라면 어떤 아이가 더 예뻐 보일까요? 교사도 사람인지라 공손하게 고맙다고 말하는 아이에게 자신도 모르게 마음이 가기 마련이랍니다.

무엇이 필요할까요?

상대방에게 배려 있는 말과 행동은 습관에서 옵니다. 평소에 고맙다는 말을 자주 해서 입에 배어야만 적절한 상황에서 고맙다는 말이 흘러나온답니다.

이건 부모님이 아이에게 자주 모범을 보여야 하는 일이지요. 아이가 고맙다고 말했을 땐 꼭 잘했다고 칭찬도 해주고, 자주 안아주어서 아이의 감정 표현이 부드럽고 따뜻하게 받아들여지는 경험을 하게 해주어야 합니다.

가끔 "아이가 내성적이라 감정 표현을 잘 안 해요", "워낙 소극적이라서 고맙다고 말해보라 해도 쑥스럽다고 안 하네요."라고 말하는 학부모님이 있어요.

설사 아이가 성격적으로 부끄러움을 많이 타고, 자기표현을 잘 못 하더라도 가정에서 감정 표현 지도는 충분히 해주어야 해요. 단체생활을 하는 이상 고맙거나 미안한 상황은 생기기 마

련이에요. 이때 고맙거나 미안한 마음을 제대로 표현하지 않으면 자칫 무뚝뚝한 아이, 뚱한 아이로 친구들 사이에서 오해가 생길 수 있거든요.

아이가 고맙다고 말할 때마다 격려해 주고, 칭찬해 주세요. 꾸준히 지도하고 훈련하면 학교에 입학했을 때 친구들에게 사랑받는 아이가 되어 있을 거예요. 긍정적이고 밝은 아이는 친구들과 선생님 모두 좋아한답니다. 자연스레 인기 있는 아이가 되고, 덩달아 자신감과 자존감도 쑥쑥 올라가지요.

역할극으로 고마움의 표현 기르는 꿀팁

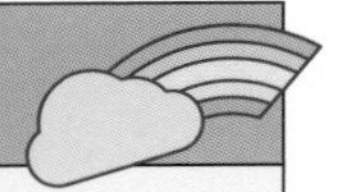

- 명함처럼 빳빳한 종이에 '고마워', '고맙습니다', '감사해요' 등을 적어요.
- 아래의 상황 카드를 아이와 함께 읽어보세요.

<상황 1>

배가 아파서 보건실에 가야 해요. 친구가 같이 가준대요. 친구에게 뭐라고 말해야 할까요?

<상황 2>

선생님이 학습지를 나눠주셨어요. 학습지를 받을 때 어떤 말을 해야 할까요?

<상황 3>

급식실에서 조리사 선생님들이 급식을 배식해 주세요. 식판에 밥을 받을 때 뭐라고 하면 좋을까요? 왜 그렇게 생각하나요?

<상황 4>

친구가 부끄러워서 다른 친구에게 고맙다고 말을 못 하겠대요. 이 친구에게 뭐라고 해주면 좋을까요? 왜 그렇게 생각하나요?

<상황 5>

선생님이 잘했다고 칭찬해 줬어요. 뭐라고 대답하면 좋을까요? 왜 그렇게 생각하나요?

<상황 6>

아빠가 저녁에 장난감을 사주셨어요. 그동안 너무나 갖고 싶던 장난감이에요. 이때 아빠에게 고맙다는 말을 안 하면 아빠는 어떤 마음일까요? 왜 그렇게 생각하나요?

- 상황 카드에 맞는 말을 아이와 나눠보세요. 왜 그렇게 생각하는지 물어보고, 함께 역할극을 해보세요.
- 이야기 나눈 다음 "고마워"라고 말하면서 안아주고 마무리합니다.

D-Day 42

이럴 땐 미안하다고 말해요

아이가 초등학교에 입학할 때 '혹시 우리 아이가 학교 폭력의 피해자가 되면 어떡하지?' 같은 걱정을 누구나 한 번쯤은 할 겁니다. 학교라는 낯설고 생소한 공간에서 처음 보는 친구들이나 선생님과 아이가 잘 지낼 수 있을까 고민도 될 거고요. 저도 아이를 학교에 보낼 때 딱 그 마음이었습니다.

사실 학교 폭력은 아주 작은 싸움에서 시작돼요. 보통은 사소한 말다툼, 가벼운 장난, 살짝 기분 나쁜 농담 같은 것에서 시작하죠. 이런 가벼워 보이는 말다툼이나 장난이 반복되고 계속해서 아이를 자극하면 그땐 서서히 피해 의식이 쌓이게 되고 나중엔 학교 폭력의 피해자, 가해자가 되어버립니다. 참 안타까운 일이죠.

무엇이 필요할까요?

이런 안타까운 일이 생기지 않으려면 '고맙다', '미안하다' 같은 감정적인 언어를 부드럽고 따뜻하게 할 수 있어야 해요. "앗, 미안해. 내가 실수했어"처럼 몇 마디로 가볍게 풀고 넘어갈 일이 걷잡을 수 없이 커다란 사건으로 부풀려지는 것도 바로 이 사과 몇 마디를 안 해서랍니다. 미안하다고 사과해야 할 일을 사과하지 않고 넘어가면 상대방 아이에겐 오해가 생기고, 피해 의식도 쌓여요. 그러니 아이가 고마울 때, 미안할 때 자신의 감정을 제대로 표현할 수 있도록 가정에서 지도해 주세요.

"선생님, 우리 애는 장난이었어요. 애들끼리 장난할 수도 있잖아요. 친구면서 이 정도 장난도 못 받아주나요?"라고 말씀하시는 학부모도 더러 보았는데요. 이때 상대방 아이의 부모도 똑같이 장난이라고 생각할까요? 당연히 그렇지 않아요.
장난은 어디까지나 상대가 장난으로 받아줄 때만 장난일 수 있어요. 친구가 불쾌해하거나 속상해하면 반드시 자기 말과 행동을 사과해야 합니다. 아이는 아직 어리고 서툴러서 이런 부분을 잘 모를 수 있어요. 평소 가정에서 부모님이 아이에게 사과하는 시범을 보여주는 것도 매우 중요한 지도랍니다.

때로는 아이가 학교에서 선생님에게 죄송하다고 말해야 할 때도 있어요. 이때도 잘못한 부분이 있으면 잘못했다고 말씀드리고, 앞으로 안 하겠다고 약속하면 돼요. 선생님은 아이가 잘못했다고 말할 때 벼랑 끝까지 몰아세우지 않는답니다. 아이의 잘못이나 실수도 이해하고 사랑해 주지요.
잘못한 건 잘못했다고, 미안하다고 말하면 돼요. 괜찮습니다. 아직 어리니까 실수할 수도 있고 잘못할 수도 있지요. 하지만 이 과정에서 실수하고 잘못한 일에 대해서는 자신이 책임져야 한다는 걸 아이가 서서히 깨달아가야 해요. 그 시작은 '미안해'랍니다.

역할극으로 미안함의 표현 기르는 꿀팁

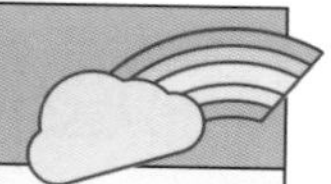

- 명함처럼 빳빳한 종이에 '미안해', '미안해요', '죄송해요' 등을 적습니다.
- 아래의 상황 카드를 아이와 함께 읽어보세요.

<상황 1>

친구의 발을 밟았어요. 일부러 그런 것도 아닌데 친구가 너무 아파해요. 어떻게 하면 좋을까요? 왜 그렇게 생각하나요?

<상황 2>

선생님이 수업 시간에 내가 잘못한 것을 지적했어요. 선생님에게 뭐라고 말하면 좋을까요? 왜 그렇게 생각하나요?

<상황 3>

줄을 서 있다가 앞에 서 있는 친구를 장난으로 놀렸어요. 친구가 기분 나쁘다면서 다시는 나랑 안 놀겠대요. 친구에게 난 뭐라고 말해줘야 할까요? 왜 그렇게 생각하나요?

<상황 4>

블록놀이를 하면서 실수로 블록으로 친구를 때렸어요. 친구가 엉엉 울었어요. 친구에게 미안하다고 말하고 싶은데, 도저히 입에서 미안하다는 말이 안 나와요. 왠지 쑥스러워서요. 이때 어떻게 하면 좋을까요? 왜 그렇게 생각하나요?

<상황 5>

선생님이 조용히 기다리라고 했는데 떠든 친구가 있어요. 이 친구에게 선생님이 야단했어요. 친구는 선생님에게 뭐라고 말하면 좋을까요? 이 친구에게 어떤 말을 해주고 싶은가요? 왜 그렇게 생각하나요?

<상황 6>

평소에 사이좋게 놀던 친구 둘이 있어요. 사소한 일로 다퉜는데, 이제 안 놀아요. 이 두 친구가 다시 사이좋게 지내려면 어떻게 해야 할까요? 이 두 친구에게 어떤 말을 해주고 싶은지 말해보세요. 왜 그렇게 생각하나요?

- 상황 카드에 맞는 말을 아이와 나눠보세요. 왜 그렇게 생각하는지 물어보고, 함께 역할극을 해보세요.

D-Day 41

이럴 땐 싫다고 말해요

초등학교에 입학하면 다양한 친구들과 함께 지내게 돼요. 유치원에서 만났던 친구들보다 훨씬 많은 친구를 만나게 되고, 함께 어울려 놀고 공부하고 밥 먹고 떠들게 되지요. 이때 내 맘에 드는 좋은 친구들만 만나면 참 좋겠지만, 그렇지 않을 가능성이 높다는 것 아마 이해하실 겁니다. 내 맘에 들지 않고, 나를 귀찮게 하는 친구를 만나면 어떻게 해야 할까요? 친구가 매일 틈만 나면 귀찮게 하고, 장난치면서 성가시게 하면 어떻게 하지요? 하기 싫은데 억지로 놀자고 하고, 살짝 기분 나쁜 말을 하면 그땐 어떻게 해야 할까요?

무엇이 필요할까요?

아이들은 이런 갈등과 문제 속에서도 자랍니다. 학교생활에서는 다양한 사람과 만나 인간관계를 맺고, 이 관계 속에서 어떻게 문제를 해결하고 갈등을 해결해야 할지 배우는 것도 아주 중요한 부분이에요.
학교에선 비단 공부하고 배우고 평가할 때 드러나는 인지적인 학습능력만 성장하는 게 아니라, 관계를 맺는 정서적인 능력도 함께 자란다는 걸 꼭 기억해 주세요.

친구와 갈등이 있을 때는 피하지 말고 당당하게 맞서는 게 좋아요. 어릴 때부터 자신감 있게 자신이 하고 싶은 말은 꼭 짚어서 논리적으로 말하도록 지도 바랍니다. 기분 나빠하고 짜증부린다고 무턱대고 아이의 요구를 받아주거나 부모가 나서서 모든 갈등을 해결해 줘서는 안 됩니다.
부모는 아이에게 갈등 앞에서 의연하게 해결해 나가는 시범을 보이는 좋은 모델이 되어야 해요. 아이 스스로 문제를 해결하는 능력을 키우도록 말이지요.
어릴 때부터 선택의 기회를 주고, 갈등을 해결할 능력을 키워주면 아이는 시간이 흐를수록 더욱 당당하고 자신감 넘치는 아이로 자랄 겁니다.

이때 무엇보다 중요한 것은 싫다고 말하는 것이에요. 싫은 상황에서는 싫다고 단호하게 고개를 저을 줄 알아야 귀찮게 장난치는 친구도 더는 성가시게 하지 않습니다. 처음 건드려보고 반응이 미적지근하면 또 다음에도 귀찮게 하거든요.
'소도 누울 자리 보고 발 뻗는다'는 말이 있잖아요. 처음 한두 번 싫은 장난을 쳤을 때, 정확하고 분명하게 싫다는 의사 표현을 하는 게 정말로 중요해요. 일차적으로는 본인이 싫다는 의사표시를 해야 하고, 그다음은 교사에게 가서 말하도록 합니다. 이 부분은 몇 번이고 강조해서 지도해야 해요.

착하고 순한 아이가 자주 손해 보고 마음을 상하는 이유 역시 안 해도 되는 양보를 하거나 참는 태도가 몸에 배었기 때문입니다. 착하고 온순한 아이일수록 싫다고 말하는 것을 자주 연습하는 게 좋아요. 나중에 초등학교 입학했을 때도 평소에는 부드럽고 따뜻하되, 아닌 행동에는 고개를 젓기 때문에 누구도 함부로 굴지 않을 거예요.

역할극으로 연습하는 싫어놀이

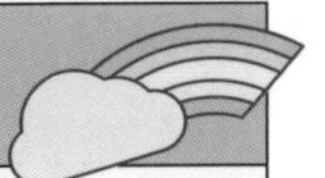

- 명함처럼 빳빳한 종이에 '싫어', '안 돼', '하지 마', '고개 젓기' 등을 적습니다.
- 아래의 상황 카드를 아이와 함께 읽어보세요.

<상황 1>

지우는 요새 고민이 있어요. 친구 하민이가 점심시간에 밥 먹으러 갈 때마다 옆구리를 식판으로 자꾸 쿡쿡 찌르거든요. 지우는 하민이에게 어떻게 말해야 할까요?

<상황 2>

지우랑 친구 하민이는 친해요. 그런데 요새 사이가 조금 안 좋아졌어요. 하민이가 화장실에서 지우가 소변보는 걸 자꾸 훔쳐보거든요. 하지 말라고 말은 했지만, 지우 목소리가 작아서인지 하민이가 말을 안 들어주는 것 같아요. 지우는 어떻게 해야 할까요?

<상황 3>

평소에 짓궂게 장난치는 친구가 있어요. 장난치는 게 귀찮은데, 싫다고 말하면 친구가 나랑 안 놀아줄 것 같아요. 그래도 싫다고 말해야 할까요, 말아야 할까요?

<상황 4>

블록놀이를 하는데 하민이가 블록으로 머리를 때렸어요. 장난인 건 아는데 기분이 나쁘고 속상했어요. 하민이한테 어떻게 말하는 게 좋을까요?

<상황 5>

피아노 학원에서 만난 초등학교 1학년 형이 피아노 칠 때 와서 방해해요. 건반을 누르기도 하고, 욕을 하기도 해요. 1학년 형에게 어떻게 말해야 할까요? 왜 그렇게 생각하는지도 말해볼까요?

- 상황 카드에 맞는 말을 아이와 나눠보세요. 왜 그렇게 생각하는지 물어보고, 함께 역할극을 해보세요.

D-Day 40

이럴 땐 도와달라고 말해요

유치원 때는 아이가 아프면 당장 달려가서라도 도와줄 수 있지만, 초등학교에 입학하고 나면 왠지 그러면 안 될 것 같고 꺼려지지요. 이유는 다양하겠지만, 아무래도 초등학교에서는 좀 더 아이 스스로 책임감 있게 행동하는 부분이 많아지기 때문일 거예요.
아이가 학교에서 힘들고 외롭고 아플 때도 분명히 있을 텐데, 그땐 어떻게 해야 할까요? 집에서처럼 편하게 엄마에게 투정도 못 부리는데 어쩌면 좋을지, 아마 걱정되고 불안하실 겁니다. 하지만 크게 걱정 안 하셔도 돼요. 학교에선 담임교사가 엄마처럼 아이를 관심 있게 돌보고 가르치기 때문이에요.

무엇이 필요할까요?

학교에선 아프거나 다치거나 누가 괴롭히거나 하면 꼭 교사에게 도와달라고 해야 합니다. 이 말을 할 수 있고 없고가 아이의 학교생활에 아주 큰 영향을 미친답니다. 학교에서 생활할 때 불편한 부분이 있다면 꼭 선생님에게 말해야 한다는 걸 원칙처럼 반복해서 알려주세요.

다음에 소개하는 역할극이 그 예인데요. 이 밖에도 아이가 지병이 있거나 특별하게 돌봐야 하는 부분이 있다면 담임교사에게 미리 말해주는 게 좋아요. '아이를 이상하게 보면 어쩌나', '우리 아이 단점을 알렸다가 괜히 이미지만 나빠지면 어떻게 하지' 같은 걱정은 안 하셔도 됩니다. 교사는 매우 많은 아이를 보기 때문에 얼마든지 이해하고 수용할 수 있으니까요.

역할극으로 연습하는 도와주세요 놀이

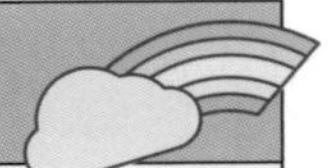

- 명함처럼 빳빳한 종이에 '도와줄래?', '도와주세요' 등을 적습니다.
- 아래의 상황 카드를 아이와 함께 읽어보세요.

<상황 1>

수업하는데 갑자기 배가 아파요. 얼른 화장실에 가야 할 것 같은데, 어떻게 하면 좋을까요?

<상황 2>

지우 옆에서 친구가 자꾸 귀찮게 해요. 놀리고 장난치고 아무래도 지우를 일부러 괴롭히는 것 같아요. 지우는 부끄러워서 선생님께 말씀을 못 드리겠대요. 지우는 어떻게 하는 게 좋을까요? 지우에게 무슨 말을 할지 알려주세요.

<상황 3>

지우가 화장실에 갔다가 옷에 실수했어요. 지우는 어떻게 해야 할까요? 지우가 어떻게 해야 할지 알려주세요.

<상황 4>

선생님이 학습지에 색칠하라고 주셨어요. 다른 친구들은 잘하는데, 지우는 아무리 해도 잘 안 돼요. 속상하고 답답해서 눈물이 날 것 같아요. 이럴 때 지우는 어떻게 하는 게 좋을까요?

- 상황 카드에 맞는 말을 아이와 나눠보세요. 왜 그렇게 생각하는지 물어보고, 함께 역할극을 해보세요.

도움 요청하는 법, 이렇게 훈련해요

평소 아이가 "엄마!"하고 부를 때 냉큼 가서 모든 걸 알아서 추측하고 도와주고 하는 게 아니라, 아이가 "엄마, 나 젓가락질하는 것 좀 도와주세요!" 이런 식으로 정확하게 도와달라는 표현을 할 때만 도움을 주도록 가정에서 훈련해 봅니다.

D-Day 39

학교는 [　　　　] 이다

입학 전 아이들에게 학교는 아직 낯설고 생소한 곳입니다. 아이가 병설유치원에 다녔다고 해도 학교가 낯설기는 마찬가지예요. 유치원 아이들이 학교에 와서 노는 일은 거의 없으니까요. 학교와 병설유치원은 한참 떨어진 것처럼 느껴지는 게 당연하지요.
병설유치원을 다니는 아이도 이럴진대 일반 유치원을 다닌 아이라면 더욱 낯설지 않을까요. 다양한 말로 학교를 표현해 보고 이야기 나눠보는 활동을 함께 해보세요. 학교를 낯설고 어색한 곳으로 여기는 것도 점점 사그라들 겁니다. 겁먹지 않고, 걱정하지 않고, 기분 좋게 웃으면서 학교에 갈 수 있을 거예요.

무엇이 필요할까요?

아이들과 학교는 무엇인지 이야기 나눠보세요. 다양하고 재미있는 이야기가 나올 거예요. 주말에 시간을 내서 아이가 입학할 학교에 가보세요. 학교를 쭉 한 바퀴 돌면서 운동장도 구경하고, 교실도 기웃거려 보고, 학교 담벼락을 따라서 걸어보세요. 운동장에 있는 그네도 타보고, 나무가 어떻게 생겼는지 만져보게도 하세요.
학교를 실컷 구경한 다음에는 학교가 무엇인지 빈칸을 채워보게 하세요. 이때 왜 그렇게 생각하는지도 이야기 나눠보세요. 아이가 학교를 어떻게 생각하는지, 학교에 가고 싶어 하는지, 아닌지 찬찬히 아이의 마음을 들여다보세요. 앞에서 소개했던 두 문장 말하기 구조를 이용하면 논리적인 말하기까지 함께 연습할 수 있어요.

아이의 학교 적응력을 높여주는 꿀팁

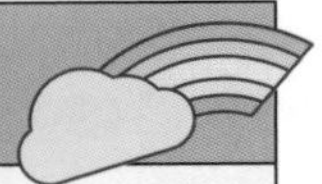

'[   ] 는 [   ] 이다'는 아이들의 창의성과 문제해결력을 길러주는 좋은 방법이에요. 네모를 채우기 위해서 신나게 이야기하다 보면 아이와 함께 다양한 아이디어를 끄집어낼 수가 있지요. 전에 2학년 아이를 담임했을 때, '독서는 [   ] 다'를 이렇게 채워온 아이가 있었어요. '독서는 500원이다. 엄마가 책 한 권 읽을 때마다 500원씩 주기 때문이다'라고요. 내용이 좋고 나쁘고를 떠나서 '독서는 마음의 양식이다', '독서는 좋은 것이다' 같은 뻔한 이야기가 아니어서 칭찬해 줬습니다.

예)
학교는 [놀이터] 이다.
왜냐하면 [놀 수 있는 곳이 많고 재미있기] 때문이다.

학교는 [바다] 다.
왜냐하면 [유치원보다 엄청 크고 넓기] 때문이다.

D-Day 38

나를 소개해요

자기소개는 친구들과 친해지기 위한 첫걸음이에요. 내가 누구인지 친구들에게 자신 있게 말하기를 연습해 봐요.

무엇이 필요할까요?

- 아이가 자신의 이름을 한 글자씩 또박또박 말할 수 있도록 지도해 주세요.

나는 ○○○이야.

- 내가 잘하는 것이 무엇인지 소개해요.

나는 줄넘기를 잘해.
나는 달리기를 잘해.
나는 글씨를 예쁘게 써.

- 내가 가장 멋있어 보일 때는 언제인지 말해요.

나는 웃을 때 제일 예뻐 보여.
나는 달리기 할 때 가장 멋있어 보여.
나는 춤출 때 최고로 멋져.

- 내가 가장 싫어하는 것은 무엇인지 말해요. 앞에서 연습한 두 문장 말하기를 활용해 보세요.

나는 가지나 오이 같은 채소가 싫어. 맛이 없기 때문이야.
나는 오징어가 싫어. 물컹물컹한 느낌이 싫기 때문이야.
나는 색종이 접기가 싫어. 예쁘게 접는 게 어렵기 때문이야.

- 내가 요즘 노력하고 있는 것은 무엇인가요? 앞에서 연습한 두 문장 말하기를 활용해 보세요.

나는 줄넘기를 매일 조금씩 연습하고 있어. 초등학교에 가려면 체력을 길러야 한다고 엄마가 매일 연습하랬어.
나는 책 읽기를 매일 하고 있어. 학교에선 교과서로 공부하기 때문에 미리 연습하는 거야.
나는 한글 공부를 하고 있어. 한글을 알아야 책도 읽을 수 있거든.

- 우리 가족을 말해볼까요?

우리 가족은 엄마, 아빠, 할머니, 나, 언니, 동생 이렇게 여섯 명이야.
우리 가족은 엄마, 오빠, 나, 이렇게 세 명이야.
우리 가족은 아빠, 엄마, 나, 동생 이렇게 네 명이야.

- 그밖에 또 이야기하고 싶은 것이 있나요? 있다면 덧붙여보세요.

나는 레고 조립하는 걸 좋아해서 레고 카페에 자주 가. 나랑 같이 레고 카페에 가고 싶은 사람은 나중에 말해줘.
나는 비빔밥을 좋아해. 맛있는 비빔밥을 먹을 때면 난 너무나 행복해.

자기소개, 이렇게 지도해요

① 아이에게 자신을 소개하고 싶은 내용을 포스트잇에 각각 적도록 해요

예) 좋아하는 것 : 게임

좋아하는 색 : 초록색

좋아하는 음식 : 수박, 떡볶이

나의 꿈 : 요리 유튜버

요즘 고민 : 키가 작은 것

소원 : 내 방이 생기는 것

취미 : 줄넘기, 엄마랑 마트 가기

② 도화지 위에 각각의 포스트잇을 붙여요

그중에서 오늘 자기소개에 넣고 싶은 걸 2~3개 정도 고르게 해요.

③ '시작-중간-끝'의 구성으로 이야기하도록 지도해요

"시작 부분에선 인사와 이름, 소속을 소개하는 거야."

"중간 부분에선 나의 꿈, 나의 고민 등 나를 소개하고 싶은 내용을 자세히 말하면 돼."

"끝부분에선 친구들에게 전하고 싶은 말로 마무리하면 돼."

④ 위의 설명을 참고해서 아이가 직접 글로 작성해 보게 해요

⑤ 준비한 내용을 바탕으로 아이가 자기소개를 해요

"안녕. 나는 1학년 3반 김지우라고 해.

나는 맛있는 음식 먹는 걸 아주 좋아하는데 그중에서도 수박하고 떡볶이를 엄청 좋아해. 매운 음식도 잘 먹는 편이야. 그래서 이담에 크면 요리 유튜버가 돼서 좋아하는 음식을 실컷 먹어보고 싶어.

나처럼 떡볶이를 좋아하는 친구들이 많을 거 같아. 앞으로 친하게 지내자."

D-Day 37

지우개로 글자를 지워요

연필과 지우개는 짝꿍이에요. 연필로 글씨를 쓰면 지우개로 지울 수 있어야 해요. 연필로 글씨 쓰는 것만큼 지우개로 글자를 깔끔하게 지워야 하지요. 지우개로 지우는 것도 방법을 정확하게 알려주지 않으면 지우다가 공책을 찢기도 하고, 지저분하게 글자 자국이 남기도 하거든요. 심지어 6학년이 되어서도 지우개를 잘 쓰지 못하는 아이들도 있답니다.

무엇이 필요할까요?

글자를 지울 때는 한 손으로 종이를 꾹 누르고, 반대 손으로는 천천히 지우개를 문질러서 지웁니다. 지우개는 부드럽게 문질러도 잘 지워지니까, 억지로 세게 문지르지 않아도 된다고 가르쳐주세요. 지우개를 다루는 것이 서툴 때는 지우개의 뾰족한 모서리를 활용해서 지우면 비교적 정교하게 지울 수 있습니다.

지우개로 재미있게 노는 꿀팁

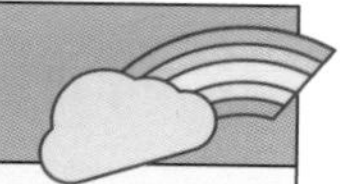

- **지우개 따먹기 놀이를 해보세요**

준비물 : 크기가 같은 직육면체 지우개 2개

엄마와 아이가 지우개를 하나씩 갖습니다.

가위바위보를 이긴 사람이 먼저 지우개를 튕겨요.

지우개를 튕겨서 상대편 지우개에 걸쳐지면 1점을 받습니다.

지우개가 상대편 지우개에 완전히 올라가면 3점을 받습니다.

먼저 10점을 딴 사람이 이겨요.

- **지우개 지우기 놀이를 해요**

준비물 : 암호문장, 지우개, 연필

엄마와 아이가 각각 종이에 암호문장을 연필로 씁니다.

예) 지민민땅아야가사노랑다해

가위바위보를 해서 이길 때마다 지우개로 한 글자씩 지웁니다.

자국이 안 남게 지워야 한다고 강조해요.

한 글자씩 지우면 암호문장이 드러납니다.

암호: 지 민 아 사 랑 해

- **지우개로 스탬프를 찍어요**

준비물 : 색색 사인펜, 하얀 종이 등

지우개에 하트 모양, 동그라미 모양, 별 모양 등을 사인펜으로 그립니다.

좌우가 반대로 찍힌다는 것을 염두에 두고 그려요.

사인펜이 지우개에 스며들기 전에 여러 번 반복해서 두껍게 그리도록 해요.

종이에 도장처럼 찍어요.

어떤 모양이 나왔는지 이야기해요.

- **지우개 던지기 놀이를 해요**

준비물 : 아이의 손바닥에 쏙 들어갈 정도로 작은 지우개

지우개를 왼손으로 잡고 위로 던집니다.

오른손으로 지우개를 잡아요.

이번에는 오른손으로 던지고, 왼손으로 잡습니다.

손을 번갈아 지우개를 던지고 잡아요.

이 놀이는 눈과 손의 협응력을 기르는 데에 좋아요. 익숙해지면 엄마가 던지고 아이가 받습니다. 아이가 던지고 엄마가 받는 식으로 바꿔서 놀이를 해봐요.

D-Day 36

가위로 동그라미를 오려요

어릴 때 종이 인형을 가지고 놀았던 기억이 있을 거예요. 요즘 아이들은 전자 패드나 스마트폰을 가지고 놀지만, 우리가 어릴 때만 해도 가위로 직접 종이 인형을 오리고 접고 하는 일이 일상이었지요. 가위질은 아이들에게 놀이도 되면서 집중력 향상에도 도움이 됩니다.

무엇이 필요할까요?

가정에서 아이들에게 손으로 놀고 오리고 할 기회를 많이 만들어주세요.
가위질은 손과 눈의 협응력을 기르는 데 아주 좋아요. 많이 오리고, 많이 접고, 많이 쓰고 하면서 아이들은 점점 눈과 손의 협응력을 길러갑니다. 손으로 조작하는 활동을 많이 시킬수록 좋답니다.
굵은 매직으로 종이에 크고 작은 동그라미를 많이 그려주세요.
가위로 선을 따라 오리게 합니다.

나뭇잎 모양을 오려요

동그라미 오리기가 손에 익었다면 이번엔 더 다양한 모양을 연습해요.
① 공원에서 여러 모양의 나뭇잎을 주워 와요.
　예) 홀쭉한 나뭇잎, 넓적한 나뭇잎, 은행나무 잎, 단풍나무 잎
② 여러 색깔 색종이 위에 나뭇잎을 대고 윤곽을 따라 그려요.
③ 윤곽을 따라 가위로 오리면 알록달록 나뭇잎 오리기 완성.

D-Day 35

색종이를 접어요

눈과 손의 협응력을 기르는 데는 색종이 접기도 좋아요. 색종이 접기는 다양한 색깔을 공부할 수도 있고, 다양한 도형과 사물을 만들 수 있기 때문에 아이들이 무척 좋아하는 활동입니다. 바닷속 세상, 놀이터, 학교처럼 다양한 주제를 정해서 함께 꾸며보기 활동을 하면 더욱 재미있어합니다.

무엇이 필요할까요?

특히 종이 끝이 딱 맞게 접는 것은 아이들 소근육을 발달시키는 데 도움이 됩니다. 아이가 색종이의 귀퉁이를 딱 맞게 접을 수 있게 옆에서 몇 번이고 함께 연습해 보세요. 수업 시간에 가장 많이 쓰는 가로 접기, 세로 접기, 대각선 접기 세 가지는 귀퉁이가 딱 맞아떨어질 때까지 연습해 보기 바랍니다.

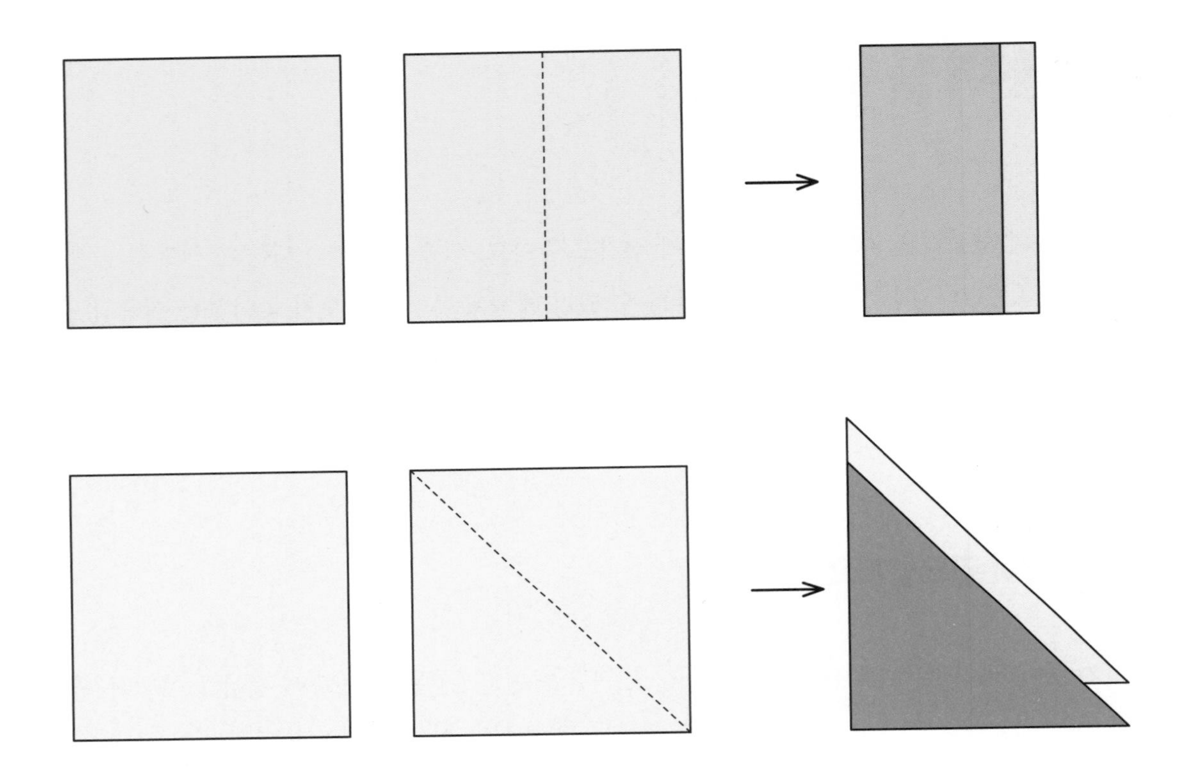

D-Day 34

스티커를 붙여요

요즘 초등학교 교과서는 구성이 매우 다양해요. 우리가 전에 쓰던 교과서처럼 단순하게 수업하고 활동하는 것이 다가 아니라 오리거나 붙여서 만드는 주사위도 있고, 스티커처럼 쓸 수 있는 붙임딱지도 있어요. 특히 이 붙임딱지라고 하는 스티커가 부록으로 나올 때는 아이들이 매우 좋아한답니다. 붙임딱지는 교과서에 아이들이 직접 붙이는 식으로 씁니다.

다만 1학년 아이들은 손끝이 여물지 않아서 붙임딱지를 어떻게 붙여야 할지 몰라서 선생님에게 부탁하는 경우가 많아요. 붙임딱지를 떼어달라거나 붙여달라고 하나하나 부탁하는 것이죠. 이럴 때 아이 혼자서 척척 스티커를 붙인다면 똘똘하고 야무져 보이겠지요?
스티커 붙이기는 별것 아닌 것처럼 보여도 손과 눈의 협응력을 기르는 데 무척 유익합니다. 구체적 조작활동이 필요한 입학 전 아이들에게 무척 유용한 활동이고요. 꾸준히 연습하면 수업에도 도움이 많이 돼요. 스티커 붙이기는 아이들이 유난히 재미있어하고 좋아하기 때문에 금방 손에 익는 활동이기도 합니다.

스티커로 재미있게 노는 꿀팁

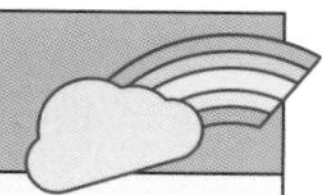

A4 전지 라벨지에 좋아하는 캐릭터를 그려주거나 아이가 직접 그림을 그린 다음 오려서 스티커처럼 만들어도 좋아요. 지도할 때 대신 떼어주기보다는 아이가 손으로 직접 떼고 다른 종이에 붙여보도록 합니다.

D-Day 33

동그라미를 그려요

동그라미 그리기는 ㅇ과 ㅎ 같은 글자를 쓸 때도 도움이 되고, 6, 8, 9 같은 숫자를 쓸 때도 도움이 돼요. 이런 기본 도형 그리기를 많이 연습해두면 손과 눈의 협응력이 좋아지고, 구체적인 조작활동을 자주 하기 때문에 손의 소근육이 발달해서 두뇌 발달에도 도움이 돼죠.

무엇이 필요할까요?

어떤 모양이든 좋으니, 아이와 함께 많은 동그라미를 그리는 연습을 해주세요.

동그라미 그리기

- 동그라미를 그릴 때는 왼쪽부터 그려요.
- 곡선이 부드럽게 이어지는 모양을 잘 보고 따라 그려요.
- 처음에는 타원형만 그려도 잘한 거예요.
- 꾸준히 연습해서 찌그러진 원이나 타원형이 되지 않도록 여러 번 연습해요.

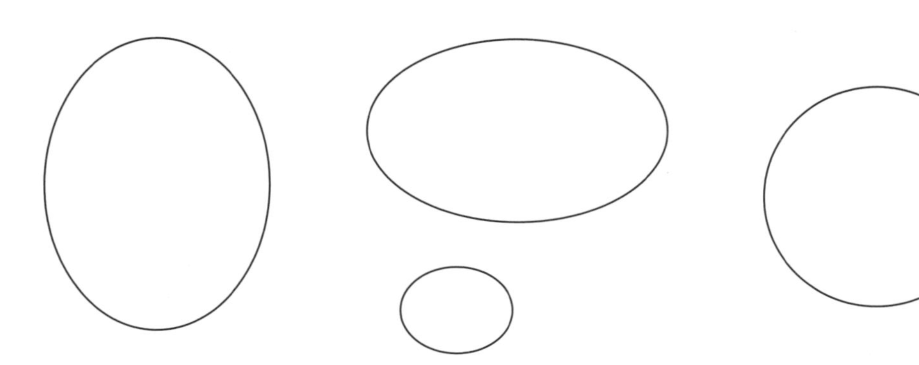

동심원 그리기

- 스케치북을 준비해요.
- 스케치북을 꽉 채울 만큼 동그라미를 아주 크게 그려요.
- 커다란 원에 작은 원들을 여러 개 그려 넣어요.
- 간격이 일정하도록 크기를 잘 조정해야 해요.
- 동심원 그리기가 손에 익으면 8, 9 등을 연습해 봐도 좋아요.
- 동심원을 몇 개까지 그릴 수 있나 내기해도 재미있어요.

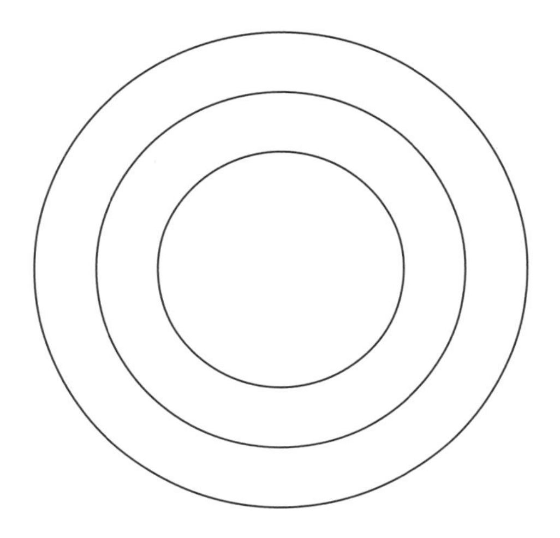

 동그라미 안에 다양한 표정을 그려 넣어요

종이 위에 다양한 동그라미를 그렸다면, 그 동그라미들을 얼굴 삼아서 아이와 함께 여러 가지 동물 캐릭터를 그려보세요. 원 밖으로 귀나 뿔도 그려 넣으면 동물의 특징이 더 잘 표현될 거예요!

예) 곰돌이 얼굴, 돼지 얼굴, 고양이 얼굴, 판다 얼굴, 코알라 얼굴, 토끼 얼굴 등

D-Day 32

세모를 그려요

어떤 모양이든 좋으니 아이와 함께 많은 세모를 그려보는 연습을 해주세요.
세모는 동그라미보다 그리기가 쉬워요. 직선으로 이루어진 도형이라 반듯하게 선만 그을 수 있으면 됩니다. 자를 대고 선을 긋는 연습을 하는 것도 좋아요. 선을 그을 땐 자의 밑면이 아닌 윗면에 대고 선을 긋습니다. 자 대고 선 긋기를 안 해본 아이들은 자의 아래쪽을 이용해 선을 긋기도 하는데요. 자의 위쪽을 이용해 선을 그어야 한다고 지도해 주세요.

무엇이 필요할까요?

세모를 그릴 때는 점 3개를 먼저 찍어놓고 그리는 게 쉽습니다. 처음엔 이렇게 연습하고, 익숙해지면 점 찍기 과정을 생략하는 식으로 지도해 주세요.

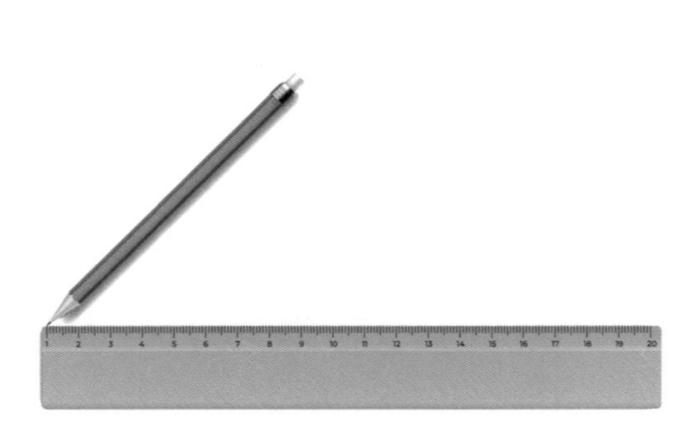

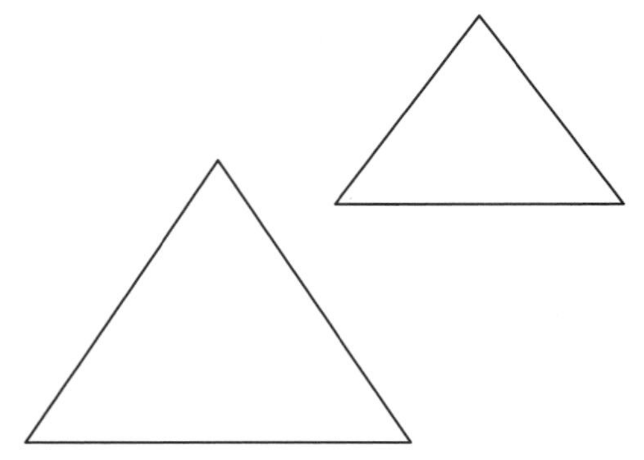

세모 그리기 응용한 꿀팁

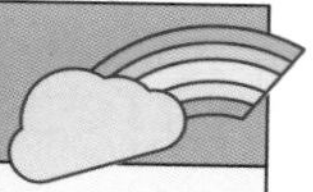

- 세모 그리기에 익숙해지면 세모끼리 모여서 다른 모양을 만들어보세요. 아이들의 창의력이 쑥쑥 자라납니다.

- 동그라미 1개, 세모 1개로 만들 수 있는 도형에는 어떤 게 있을까요?
  도형의 방향과 위치를 바꿔가며 아이가 다양한 모양을 만들도록 유도해 보세요.

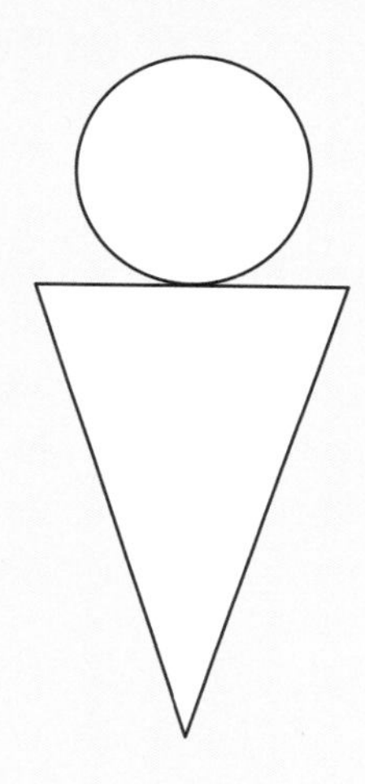

- 동그라미 1개, 세모 1개, 네모 1개로 만들 수 있는 도형에는 어떤 게 있을까요?
  도형의 방향과 위치를 바꿔가며 아이가 다양한 모양을 만들도록 유도해 보세요.

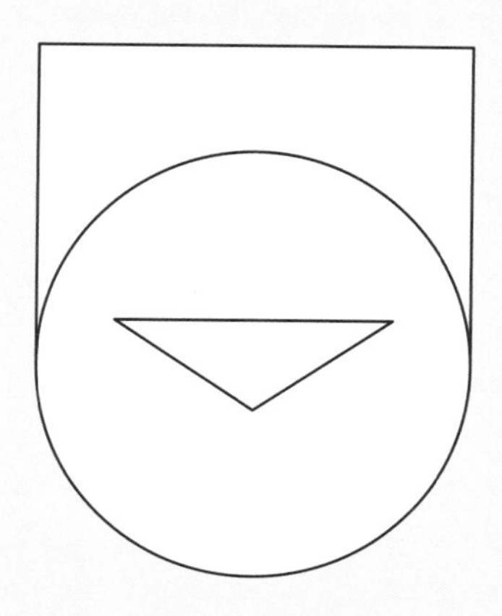

D-Day 31

칠교놀이를 해요

칠교놀이는 서로 다른 7개의 모양 조각을 가지고 다양한 모양을 만드는 놀이입니다. 여러 모양을 만들면서 창의력, 문제해결력, 다양한 사고력 등을 기를 수 있어서 아이들 두뇌 발달에 도움이 많이 돼요.

무엇이 필요할까요?

커다란 고무자석 판에 직접 칠교를 그려서 자석 칠교를 만들어 학습할 수 있어요.

- 커다란 정사각형을 그립니다.
- 정사각형에 가로와 세로를 대각선으로 선을 그립니다.
- 한쪽 선의 반쪽에 작은 삼각형을 그려요.
- 왼쪽에는 작은 삼각형과 작은 정사각형이 되도록 그립니다.
- 오른쪽에는 작은 삼각형과 작은 평행사변형을 그립니다.
- 일곱 조각이 모두 고르게 들어갔는지 샘플과 대조해 봅니다.
- 고무 자석을 오려서 가지고 놉니다.

도형 조각으로 다양한 모양을 만들어요

인터넷에서 칠교놀이로 할 수 있는 다양한 도안을 찾을 수 있어요. 처음엔 도안을 따라 만들다가 나중엔 아이 스스로 창의적으로 모양을 만들도록 지도해 주세요.

예) 집, 헬리콥터, 물고기, 로켓, 크리스마스트리, 강아지, 고양이, 꽃게 등

D-Day 30

네모를 그려요

네모는 세모나 동그라미보다 그리기가 더 쉬워요. 직선으로만 이루어진 도형이고 점 4개만 이으면 되기 때문이지요.

무엇이 필요할까요?

어떤 모양이든 좋으니 아이와 함께 네모를 많이 그려보는 연습을 해주세요. 이때도 처음엔 점 4개를 미리 찍어놓고 잇도록 하고, 익숙해지면 나중엔 점 찍기를 생략하고 그리게 하세요. 자를 대고 선을 그을 땐 자의 윗부분에 연필을 올려놓고 긋게 하세요.

네모 안에 다양한 표정을 그려 넣어요

종이 위에 다양한 네모를 그렸다면, 아이와 함께 네모 안에 여러 가지 얼굴을 그려보세요. 네모 밖으로 머리 모양이나 귀가 튀어나와도 좋아요. 다양한 특징을 첨부하면 더욱 다채로운 얼굴을 그릴 수 있어요.

예) 엄마 얼굴, 아빠 얼굴, 할머니 얼굴, 할아버지 얼굴, 동생 얼굴 등

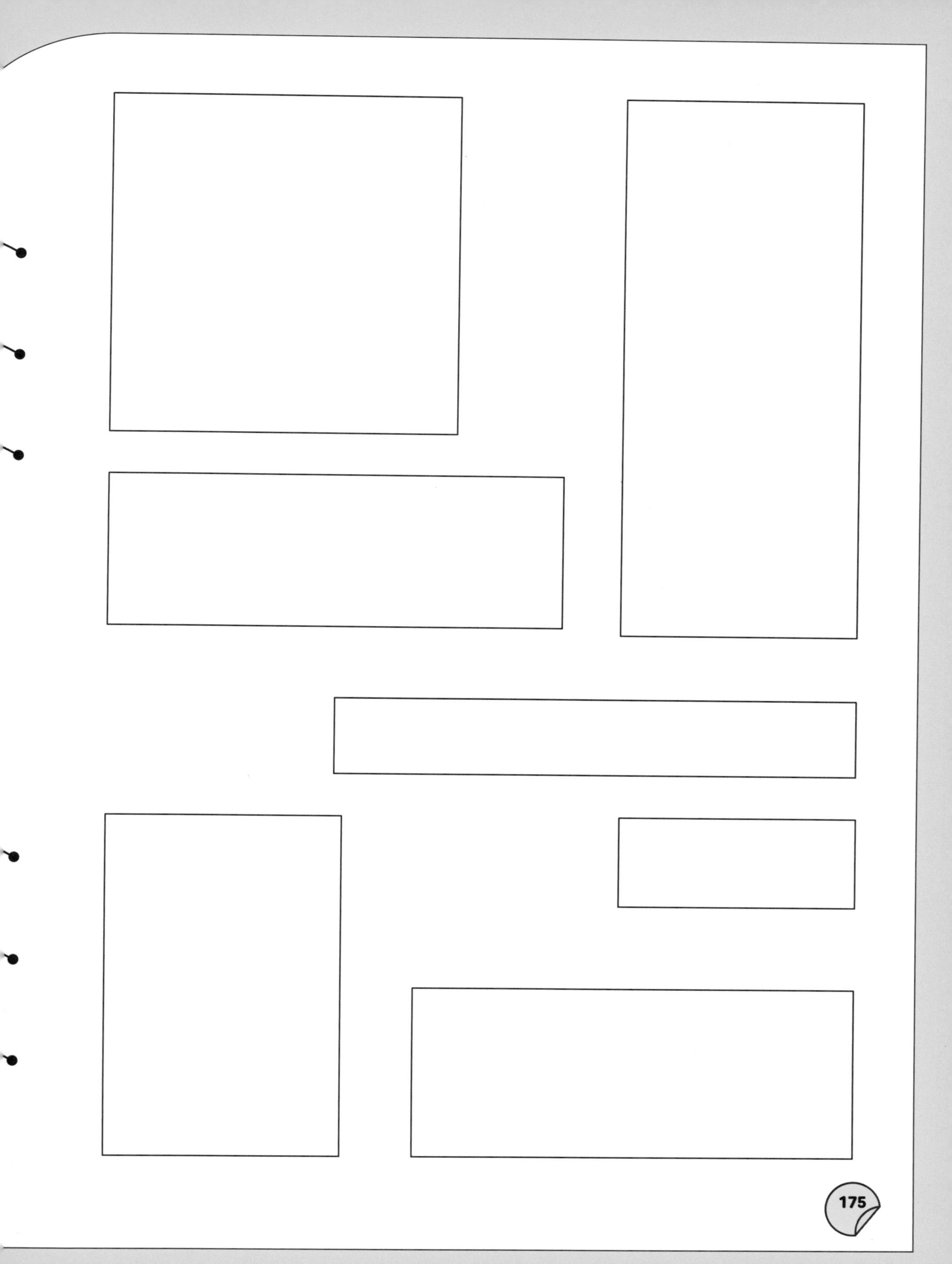

D-Day 29

화장실에서 용변을 스스로 처리해요

초등학교 화장실은 모든 학년이 함께 써요. 유치원처럼 작은 변기에 낮은 세면대가 없답니다. 심지어 바닥에 쪼그리고 앉아서 용변을 봐야 하는 화변기가 있는 학교도 가끔 있고요. 태어나서 한 번도 화변기를 본 적 없는 1학년 아이라면 이때 너무나 당황스럽고 곤혹스럽겠지요. 실제로 화변기에서 용변을 본 적 없는 아이가 어떻게 용변을 봐야 할지 몰라서 옷을 버렸다는 이야기를 듣고 정말로 안타까웠습니다. 비단 화변기뿐 아니에요. 비데가 없어서 학교에서 대변을 보지 못하는 아이도 있답니다.

무엇이 필요할까요?

대변이나 소변을 본 다음 뒤처리를 어떻게 하는지 가정에서 미리 차근차근 가르쳐주세요. 변기 뚜껑 열기, 변기에 잘 앉기 또는 소변기 앞에 잘 서기, 용변을 본 다음 휴지로 잘 닦기, 휴지 잘 버리기, 물 내리기 등을 하나씩 연습해 봅니다. 매일 하는 일인 만큼 지저분하고 더럽다는 생각보다 이왕이면 모두가 함께 쓰는 깔끔한 화장실을 만든다고 생각하면 좋겠지요.

가끔 대변을 보고 난 뒤, 선생님을 불러서 뒤처리해 달라고 하는 아이들이 있는데요. 경험 많은 교사라면 능숙하게 대응할 수 있겠지만, 아직 결혼하지 않은 젊은 교사인 경우 굉장히 곤혹스러울 수 있어요. 가정에서 뒤처리하는 법을 미리 잘 지도하는 것이 바람직하며, 이런 상황에서는 교사 역시 곤혹스러울 수 있다는 점도 잘 헤아려주기 바랍니다.

아이가 혼자서 뒤처리할 수 있는지 체크하기

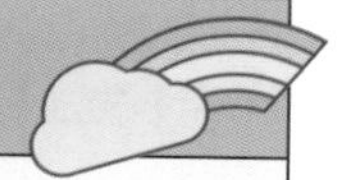

- 대변본 뒤에 뒤처리를 어떻게 해야 할지 알고 있나요?
- 소변본 뒤에 뒤처리를 어떻게 해야 할지 알고 있나요?
- 비데는 어떻게 쓰는 것인지 알고 있나요?
- 비데를 쓰고 난 다음 휴지로 어디를 닦아야 하는지 알고 있나요?
- 용변이 묻은 휴지는 어떻게 접어야 하는지 알고 있나요?
- 용변이 묻은 휴지는 어디에 버려야 하는지 알고 있나요?
- 용변을 본 다음 물을 내려야 하는지 알고 있나요?
- 화장실에 비치된 휴지는 몇 장 쓰는 게 좋을까요? 등을 확인해 봅니다.

엄마와 아이가 위 질문에 대한 대답을 함께 도출해 보세요. 가정에서 아이 혼자서 용변을 잘 처리하는 것을 확인했다면 식당이나 쇼핑몰, 터미널 등 사람이 많이 드나드는 화장실에서 용변을 처리하는 훈련도 해보세요.

학교는 많은 사람이 함께 쓰는 공공장소라서, 아이가 자칫 학교 화장실은 지저분하다, 더럽다, 비위생적이다, 휴지를 아무 데나 버려도 된다, 이렇게 오해하기도 하는데요. 이런 오해를 바로잡고 제대로 된 지도를 할 좋은 기회랍니다.

낯선 화장실에 적응하는 훈련을 해요

- 아이가 공원, 백화점, 식당, 문화센터 등 다양한 환경의 화장실을 접하게 하세요.
- 아이 스스로 줄서기, 적당량의 휴지 뜯기, 노크하기, 문 잠그기, 물 내리기, 손 씻기 등 일련의 과정을 하도록 지도해 주세요.
- 좌변기가 아니어도 당황하지 않게 쪼그려 앉는 화변기 사용법도 익혀주세요.

D-Day 28

공을 주고받아요

학교에는 운동장은 물론이고 건물과 건물 사이에 놀이공간이 많아요. 아이들이 매일 나가서 놀고, 줄넘기하고, 술래잡기하면서 뛰어다니는 곳이지요. 이런 놀이공간에서 아이들이 가장 즐겨하는 게 바로 공놀이예요. 통합교과 수업에서도 가벼운 공놀이가 자주 등장한답니다.
공놀이는 아이들의 정서 함양에도 좋고, 신체 운동 능력을 기르는 데도 좋아요. 가벼운 피구공 하나만 있어도 아이들이 너무나 다양한 놀이를 즐길 수 있지요. 작은 공 굴리기, 큰 공 굴리기, 작은 공 던지기, 큰 공 던지기, 바구니에 공 받기, 손으로 공 받기, 발로 공 차기, 손으로 공 치기 등 여러 가지 놀이를 할 수 있어요.

무엇이 필요할까요?

아이가 공을 다루는 데 큰 어려움이 없도록 공과 함께하는 시간을 만들어주세요. 공을 가지고 노는 것은 보기엔 쉬워 보여도 그리 간단한 게 아니에요. 공을 잘 던지는 것도 공을 잘 받는 것도 다 운동능력이니까요. 눈과 손의 협응력이 발달하지 않은 아이는 공놀이를 하고 싶어도 마음처럼 잘되지 않지요. 꾸준히 연습해야 공을 받고 던지고를 잘할 수 있어요.

아파트 놀이터나 운동장에서 매일 20분씩만 공놀이를 해도 나중에 학교에 입학했을 때 공을 꽤 잘 가지고 논답니다. 처음엔 다섯 걸음 정도 떨어져 선 거리에서 아이에게 공을 던져요. 던지고 받는 실력이 충분히 쌓이면 서서히 거리를 늘려갑니다.
공놀이를 연습할 땐 맞아도 아프지 않은 말랑한 피구공으로 놀아주세요. 맞으면 아픈 물건을 던지면 안 된다고 아이에게 몇 번이고 강조해 주세요.

집에서 할 수 있는 공놀이

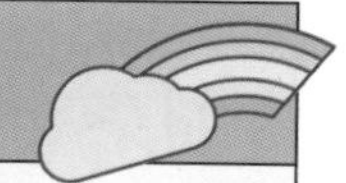

- **수건으로 공 받기 놀이**
  ① 엄마와 아이가 각각 수건의 양쪽을 잡고 섭니다.
  ② 공을 가볍게 쳐올려요.
  ③ 수건을 잡고 함께 공을 받아봅니다.
  ④ 익숙해지면 손수건처럼 작은 걸로도 해봅니다.

- **냄비로 공 받기 놀이**
  ① 엄마가 공을 굴려요.
  ② 아이는 준비한 냄비를 눕혀서 공을 받아요.
  ③ 역할을 바꿔서 해봐요.
  ④ 익숙해지면 냄비 대신 작은 바구니로 받아요.
  ⑤ 작은 바구니에서 손바닥으로 바꿔요.

- **신문지 공놀이**
  ① 층간소음이 걱정되는 아파트에서도 할 수 있는 공놀이예요.
  ② 신문지를 단단하게 뭉쳐서 공을 여러 개 만들어요.
  ③ 크기가 다양한 신문지 공을 만들어요.
  ④ 엄마가 바구니를 들고 신문지 공을 받아요.
  ⑤ 역할을 바꿔서 아이가 바구니를 들고 신문지 공을 받아요.

- **휴지로 공 나르기 놀이**
  ① 두루마리 휴지를 풀어요.
  ② 휴지 위에 준비해둔 신문지 공을 올려요.
  ③ 엄마랑 아이가 같이 휴지를 맞잡고 신문지 공을 나릅니다.
  ④ 반환점을 돌고 올 때까지 휴지가 찢어지면 안 돼요.

D-Day 27

"져도 괜찮아"라고 말할 수 있어요

가끔 1학년 담임선생님들이 하는 하소연이 있어요.
"지는 걸 너무 싫어해서 아이가 펑펑 울어요."
"자기 편이 지면 다른 아이들한테 마구 짜증을 부려요."
초등학교는 한 교실에 모여 있는 아이들이 워낙 여럿이다 보니 이기고 지는 일이 누구에게나 일상적인 일이에요. 하지만 아직 어린아이들은 모든 일을 자기 입장에서만 생각하기 쉬워요. 내가 이겼을 땐 만세를 부를 듯 좋았다가 우연히라도 지게 되면 도저히 못 참는 아이도 있답니다.

☆ 무엇이 필요할까요?

처음에야 아이 의견에 맞장구도 치고 함께 화도 내지만, 매번 이런 일이 반복되면 함께 놀던 다른 아이들은 어떤 느낌이 들까요? 아마도 아이와 함께 노는 게 점점 부담스러워지겠지요. 나중엔 슬슬 피하게 된답니다. 같이 놀다가 지면 화내고 짜증 내는데 그렇다고 매번 져줄 수도 없으니 그럴 수밖에요.
아이가 져도 괜찮다는 사실을 이해하고 받아들이도록 차근차근 지도해 주세요. 어릴 때 아이들이 학교에서 배울 수 있는 가장 좋은 경험이 바로 지는 것이랍니다. 조금만 곰곰이 생각해 보면 왜 그런지 알 수 있어요. 경기란 이기고 지는 것이 반복되기 때문에 재미있고 스릴이 넘쳐요. 나 혼자 경기하고 나 혼자 이긴다면 아무 재미도 없고 심심하기만 하지 않을까요?

이렇게 지도해요

"져도 괜찮아. 누구든 이기기만 하면 재미없어. 2 대 3도 됐다가 3 대 4도 됐다가 그래야 다 같이 신나지, 지우 혼자 5 대 0, 7 대 0, 10 대 0으로 계속 이기기만 하면 재미있을까?"

"지우만 계속 이긴다면 너무 지루해서 아무도 지우랑 놀려고 하지 않을 거야."

"누구나 다 이기고 싶지만, 누구나 다 이길 순 없어. 그래도 모두가 함께하면 다 재밌을 수 있어."

"봐, 이기려고 안 하니까 더 재미있지? 꼭 이기지 않아도 친구들과 재미있게 놀았다면 그걸로 좋은 거야."

D-Day 26

사계절을 이해해요

대한민국은 지구상에서 사계절이 있는 몇 안 되는 나라라고 해요. 이렇게 다양한 계절이 있는 만큼 아이들도 다양한 경험을 할 수 있지요. 우리 아이들이 보고 느끼고 배울 거리가 아주 많은 계절, 입학 전에 알아두는 게 좋겠지요?

무엇이 필요할까요?

아이가 사계절의 원리와 모습을 잘 숙지하도록 지도해 주세요. 봄에는 새싹이 돋아나고 꽃이 피고 얼음이 녹고, 여름에는 날씨가 더워지고 소나기가 내리고 장마도 지지요. 가을에는 단풍이 물들고 낙엽이 지고 날씨가 선선해져요. 겨울이 오면 날씨가 추워지고 얼음이 얼고 눈이 내리지요.

이렇게 계절마다 서로 다른 특징이 있다는 것을 아이들이 구분할 수 있는 게 중요해요.

카드를 활용해서 계절별 서로 다른 행동 양식을 말해보는 식으로 놀이하면 아이들이 쉽고 재미있게 익힌답니다.

계절을 잘 느낄 수 있도록 돕는 꿀팁

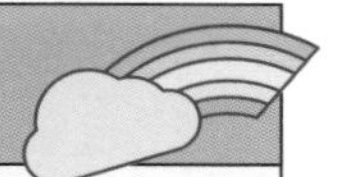

- **계절 카드놀이**

준비물 : 빳빳한 명함 크기 종이, 색색 네임펜이나 유성매직

① 준비한 종이에 각각 봄, 여름, 가을, 겨울이라고 큼지막하게 써요.

② 다른 종이에는 계절별 특징을 적어요.

예) 반소매 옷을 입거나 민소매 옷을 입어요.
두터운 코트나 패딩을 입어요.
새싹이 돋아나요.
나뭇잎 색깔이 달라져요.

③ 날씨에 대한 차이를 문장으로 엄마와 아이가 함께 써요.

예) 날씨가 더워져서 땀이 많이 나요.
날씨가 점점 선선해져요.
날씨가 점점 따뜻해져요.
날씨가 점점 추워져요.

시원하다, 선선하다, 서늘하다, 포근하다, 따뜻하다, 을씨년스럽다, 오슬오슬 떨린다 등 다양한 날씨 표현에 대해서도 배울 수 있어요.

④ 계절에 어울리는 어휘를 적어요.

예) 냉이, 달래, 새싹, 개나리, 개구리
부채, 선풍기, 에어컨, 팥빙수, 아이스크림, 장마
단풍, 낙엽, 독서, 운동회
눈꽃축제, 눈사람, 고드름, 털코트

계절에 어울리는 다양한 음식도 함께 알아보면 좋겠지요.

글씨 쓰기가 서툰 아이는 부모님이 함께 써 주시거나 대신 써 주셔도 좋아요.

D-Day
25

4장

초등 입학 행복하게

D-Day 25

10까지 수를 세어요

수와 숫자가 다르다는 것 혹시 알고 계셨나요? 숫자는 하나를 1, 둘을 2, 셋을 3처럼 부호로 나타낸 것이고, 수는 이 숫자의 크기를 뜻해요. 예를 들어서 19라는 숫자가 있으면, 19라는 수는 자연수로 그만큼 크다는 뜻이에요. 18은 19보다 1이 작은 수인 것이지요.
이런 수의 개념이 생기는 것은 수학을 배우기 시작하면서부터예요. 그전에는 구체적 조작물로 충분히 놀아주고 만져보고 세어보고 하는 활동을 많이 해주는 게 좋아요. 그래야 수와 숫자의 상관관계를 이해하고, 수의 크기를 이해하게 돼요.

무엇이 필요할까요?

아이들이 이 수와 숫자의 대응을 이해하려면 10까지 수를 세어보는 활동을 많이 하는 게 좋습니다. 손가락을 하나씩 꼽아가면서 세기, 구체적 조작물인 바둑알 세기, 한 장씩 내려놓으면서 색종이 세기 같은 활동들이죠. 손에 잡히고 눈에 보이는 수 세기 활동을 많이 해야 아이들의 머리에 수의 개념이 잡히기 시작해요.
이 수의 기본 개념이 잡힌 다음에는 서서히 수를 더하고 빼는 기초 연산을 할 수 있어요. 기초적인 연산은 수없이 많은 반복과 훈련으로 외우는 것과 같습니다. 9와 9를 곱하면 얼마인지 일일이 세지 않아도 아는 것은 우리 머릿속에 구구단이 완벽하게 자리 잡았기 때문이지요. 이런 과정으로 옮아가기 위해서라도 몇 번이고 반복해서 수를 세는 활동을 하는 게 좋습니다.

아이와 생활 속에서 해볼 만한 수 세기 활동

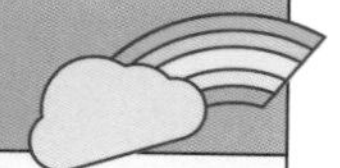

- 계단 올라가면서 수 세기
- 손가락으로 꼽아가면서 수 세기
- 바둑알 하나씩 내려놓으면서 수 세기
- 동그라미에 색칠하면서 수 세기
- 한 발짝씩 뛰면서 수 세기 등

다양한 활동들이 있습니다. 머리로 외우게 하면 잊어버릴 수 있어도 몸으로 익힌 수는 잘 잊어버리지 않아요. 한 발짝씩 뛰면서 세기, 계단 오르내리면서 수 세기 등 재미있는 활동들로 수 세기에 익숙해지도록 도와주세요.

'수 세기 판'을 이용해요

<수 세기 판>

① 종이 위에 위와 같이 열 칸짜리 판을 그려요. 칸 안에 바둑알이 하나씩 들어갈 수 있는 크기로 그려주세요.

② 바둑알을 여러 개 판 위 에 놓아주세요. 처음엔 가지런히 놓지 않고 흩어지도록 놓으며 아이에게 "바둑알을 몇 개 가져왔을까?"하고 물어봅니다. 아이가 정확하게 수를 맞추지 못하더라도 어림잡는 감각을 키

울 수 있어요.

③ 아이가 어림잡은 게 맞는지 수 세기 판에 바둑알을 하나씩 정렬해 봅니다.

"하나, 둘, 셋. 바둑알이 모두 3개야. 지우가 맞았어."

④ 아이가 주어진 바둑알 수를 세는 데 익숙해지면, 이제 주어진 수를 판 위에 바둑알로 표현하는 활동을 해봅니다.

엄마가 "바둑알 3개"라고 하면 아이가 판 위에 바둑알 3개를 올리는 것이죠.

- 이렇게 구체물을 가지고 수 세기를 시작하면 십의 보수와 십진법을 직관적으로 익히는 데 도움이 됩니다.

D-Day 24

간단한 덧셈과 뺄셈을 연습해요

기본적인 수 개념이 생긴 다음에는 연산도 해볼 수 있습니다. 이때의 연산은 작정하고 반복하는 식의 공부가 아니라 가볍고 간단한 암산에 더 가까워요. 이때 자칫 어렵게 접근하면 아이들에게 수학은 재미없고 지루한 것, 억지로 해야 하는 것, 못해서 엄마에게 늘 야단만 맞는 것이 됩니다.

그보다 수는 놀이처럼 재미있고 신나는 것, 얼마든지 도전해 볼 만한 것이어야 해요. 손가락 발가락을 하나씩 꼽아가면서 세고, 빼고 더하고 하는 활동은 아이들에게 충분히 해볼 만한 것이지만, 그걸 넘어선다면 어렵고 복잡하고 지루해진답니다. 초등 1학년의 공부에서는 이 재미와 흥미를 놓친다면 어떤 것도 할 수 없다는 점, 꼭 기억해 주세요.

무엇이 필요할까요?

초등학교에 입학하기 전에 아이가 수에 익숙해질 수 있도록 지도해 주세요. 이 시기에 익히는 수 개념은 손가락 열 개를 가지고 하는 연산 정도가 적당해요. 이것은 구체적 조작기에 있는 아이들을 위한 가장 기본적이고 기초적인 연산 능력을 길러주기 위한 것이에요. 손가락 열 개를 이용하는 범위에서 벗어나는 연산은 아직 어려운 단계라고 생각하면 좋을 것 같아요.

이 기본 연산을 하려면 아이가 수 세기를 아주 많이 연습해야 해요. 이 연습이 부족하거나 자신이 없으면 자꾸 멈칫거리면서 기본 연산하기도 꺼린답니다.

초등학교 수학과 교육과정의 매 학기 1단원은 수나 연산입니다. 수와 연산을 잘하면 어떤 학년에서도 자신 있고 재미있을 수 있어요. 아이들을 잘 달래가면서 지도해야겠지요.

뺄셈이 어렵다면 바둑알을 활용해요

바둑판 위에 검은 돌과 흰 돌을 아래와 같이 배열해요.

검은색과 흰색의 대비를 통해 좀 더 뚜렷하게 기억에 남을 겁니다.

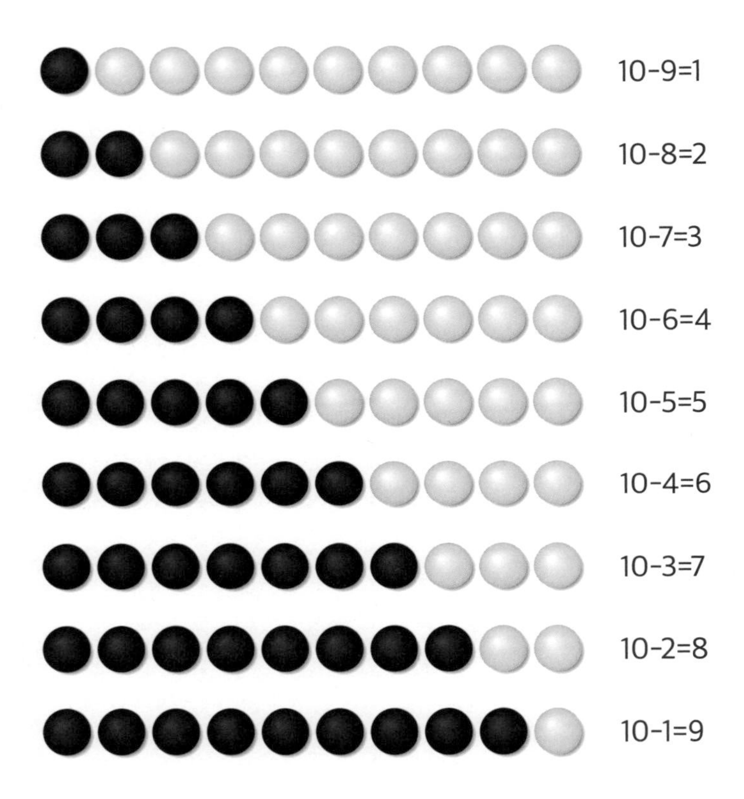

D-Day 23

아프면 보건실에 가요

유치원 때는 보건실이 따로 없지요? 초등학교는 전교생이 함께 이용하는 보건실이 있답니다. 보건교사가 상주하면서 아픈 아이들을 돌보고 간단한 처치를 해줘요.
초등학교에 입학하면 보건실에 가야 하는 일이 종종 생긴답니다. 입학하고 얼마 되지 않은 3월에는 특히 배가 아프다는 1학년 어린이들을 자주 보게 돼요. 아무래도 낯선 환경에서 긴장하면 배가 아프잖아요. 이렇게 배가 아픈 아이들이 찾아가야 하는 곳도 보건실이랍니다.

보건실에는 어떤 약이 있을까요?
가장 기본적으로는 어린이를 위한 타이레놀 같은 진통제, 타박상이나 멍에 바르는 연고나 파스, 까지고 찢어진 데에 바르는 소독약이나 연고, 아이들이 좋아하는 일회용 밴드 등이 있습니다.

무엇이 필요할까요?

보건실에서 보건교사는 보건실에 오는 아이를 위해 어디가 아픈지 묻고, 간단한 처치를 해준 다음 교실로 보냅니다. 만약 가정에 연락해야 할 정도로 아이가 많이 아플 땐 보건교사가 직접 전화해서 상황을 알리기도 한답니다.
아이의 처치에 관련된 사항은 모두 보건일지에 기록하게 돼 있어요. 비만 아동, 특별히 관리해야 하는 건강요주의 학생, 당뇨병이나 소아질환이 있는 학생, 시력이 나쁘거나 청력이 안 좋은 학생 등 여러 대상을 면밀하게 살피고 관리합니다.

아이들이 시시콜콜한 이야기를 보건실에 와서 늘 상담하고 종알거리는 것도 그만큼 보건선생님들이 따뜻하게 아이들을 대해줘서겠지요. 우리 학교는 보건선생님이 담임교사보다 더 빨리, 더 먼저, 더 많이 아이들에 대해 아는 경우도 많답니다. 혹시라도 많이 아프거나 힘들 땐 참지 말고 보건선생님에게 가라고 꼭 말해주세요. 그래야 담임선생님이나 보건선생님도 아픈 어린이를 배려하고 도와주실 수 있어요.

물론 이런 다양한 일들을 한다고 해서 보건교사가 의사는 아니에요. 아이가 많이 아프거나 당장 병원에 가야 하는 응급 상황이 생길 수도 있어요. 그럴 때는 교장, 교감 선생님께 말씀드리고 아이를 데리고 직접 병원에 가기도 해요. 우리 학교 보건선생님도 복도에서 미끄러진 아이를 데리고 구급차를 타고 병원에 갔던 적이 있어요.

보건교사가 하는 일 중 정말 중요한 것이 또 있어요. 보건실에 온 아이가 심각한 멍이나 외상이 보이면 아동학대를 의심하고 살펴보아야 해요. 이건 보건교사의 의무예요. 보건교사를 비롯해 학교에서 아이들을 지도하는 모든 교사는 아동학대의 징후가 의심될 때는 바로 신고해야 하는 의무가 있답니다. 아동학대가 의심될 때는 담임교사가 보건실로 아이를 데려가서 직접 살피고 사진을 찍고 신고하는 등의 일도 한답니다.

D-Day 22

배가 고파도 조금만 참아요

초등학교는 쉬는 시간과 수업 시간을 엄격하게 지키는 편이에요. 4교시까지 수업을 다 마쳐야 점심을 먹지요. 그나마 바로 밥을 먹으러 가면 좋겠지만, 1학년부터 6학년까지 식사를 급식실에서 하기 때문에 학년별로 급식을 먹는 순서를 정해두고 있어요. 학교마다 이 순서는 다 다르답니다.
지금 제가 근무하는 학교는 6학년이 1등, 5학년이 2등, 그다음이 1학년 순서로 식사해요. 물론 모든 학년의 점심시간은 60분 이상이라 실제로는 점심을 먹고 쉬는 시간은 똑같지만 말이에요. 다른 학교도 1학년은 초등학교에서 가장 어리기 때문에 비교적 밥을 빨리 먹이는 편이에요.

무엇이 필요할까요?

학교 사정이 이렇기 때문에 배가 고파도 점심 식사하러 갈 때까지는 참아야 해요. 아이들이 학교 시스템을 이해하고, 잘 따를 수 있도록 집에서 미리 지도해 주세요. 유치원에서는 점심 식사 전에 간식 시간도 있지만, 초등학교는 그렇지 않아요. 이제는 우유 급식도 의무가 아니기 때문에 중간에 아이들이 배가 고프면 참기 힘들 수 있지요. 아침을 가급적 먹여서 보내라고 담임선생님들이 강조하는 이유랍니다.
가끔 "밥 언제 먹어요?" 소리를 입에 달고 사는 아이도 있는데요. 초등학교에서는 배가 고파도 조금 참고 견뎌야 점심을 먹는답니다. 이 정도는 참을 수 있어야 의젓한 1학년이 되는 거라고 설명해 주세요.

D-Day 21

교과전담 선생님과 공부해요

초등학교에서는 담임선생님하고만 수업하지 않아요. 유치원에서도 방과후 강사 선생님이나 놀이강사 선생님하고 수업하듯이 초등학교에서도 담임교사 외에 다른 교사와도 수업해요.
대부분 학교에서는 수업 시수가 많은 3학년부터 6학년까지 학년에 전담교사를 두는 편이에요. 전담교사가 수업하는 시간에 담임교사들은 다음 수업을 준비하기도 하고, 숙제 검사나 단원평가 점수를 주는 식으로 다른 업무를 처리합니다.
물론 1학년이나 2학년도 교과전담 선생님과 수업하는 일이 더러 있어요. 제가 근무하는 학교에는 1학년과 2학년 통합교과의 즐거운생활 영역만 맡아서 가르치는 전담선생님이 있어요. 아이들과 체육 수업도 하고, 즐거운생활 단원에 나오는 감자 심기, 새싹 관찰하기 같은 수업도 하죠. 아이들이 무척 좋아한답니다.

무엇이 필요할까요?

교과전담교사와 담임교사는 어떻게 정하냐고 묻는 학부모님도 가끔 있는데요. 사실 교과전담교사, 담임교사 구분이 따로 있는 게 아니에요. 교사들이 전담교사를 희망하는가, 그렇지 않은가에 따라 달라집니다. 쉽게 설명하자면 올해는 1학년을 담임했다가 내년에는 전담교사를 희망하면 전담교사가 되는 식이에요. 반대로 전담교사를 하다가 학급 담임을 맡아서 다시 담임교사가 되기도 하지요.
이건 학교에서 교감선생님이나 교장선생님과 선생님들이 오랜 협의를 거쳐서 정하는 것이라서 보통은 새로운 학년도가 돼야 확실하게 정해진답니다.

참고로 다른 학년에서 교과전담 교사는 영어, 과학, 미술, 체육, 음악, 실과, 도덕 같은 교과를 주로 맡아요. 국어나 수학, 사회, 과학 같은 교과들은 주당 수업 시수가 상대적으로 많기 때문에 전담교사가 가르치게 되면 오히려 담임교사가 지도를 놓치고 넘어가게 되는 경우가 생길 수 있어요.

여러 가지를 고려해서 수업 시수가 많은 과목은 담임교사가 맡고, 그렇지 않고 주당 수업 시수가 적고 전문성이 좀 더 요구되는 교과는 전담교사가 맡는 식이랍니다.

D-Day 20

원어민 선생님이 있어요

초등학교가 유치원과 다른 특징 중 하나는 원어민 교사를 만날 수 있다는 것이에요. 유치원에서는 원어민 교사와 수업할 일이 많지 않잖아요. 대부분 초등학교에서는 원어민 교사가 순회하거나 상주하는 식으로 영어 수업에 참여해요. 실질적으로는 담임교사와 함께 수업하고 있으니까 교사들끼리 협력수업을 하는 식이에요.

원어민 교사가 영어 수업을 할 때는 아이들이 원어민 교사의 발음과 표현을 배울 수 있다는 큰 장점이 있어요. 공립초등학교에서는 이런 장점을 살려서 시도교육청에서 원어민 교사들을 선발하고, 이들을 학교에서 관리하는 한국인 교사를 따로 두어서 원어민 교사가 오고 가고 거주하고 생활하는 데에 큰 불편이 없도록 배려해 줘요.

무엇이 필요할까요?

다른 외국어 학원이나 사설 업체와 다른 점은 이 원어민 교사가 다른 영리적인 업무를 같이 할 수 없다는 점이에요. 원어민 교사는 아이들을 개별적으로 만나서 가르치거나 따로 과외나 레슨을 해서는 안 되죠. 교육청에서 교사들처럼 똑같이 월급을 받고 평가를 받고 관리하기 때문에 교사와 똑같이 영리 업무를 하지 못하게 돼 있답니다.

원어민 선생님이 1학년 아이들 수업에 들어가는 일이 흔하지는 않아요. 학교에 따라서는 창의적 체험활동 시간에 잠깐씩 들어가서 가볍게 아이들을 만나는 경우도 있지만, 기본적으로 원어민 선생님은 영어 수업에 참여하는 강사로서 아이들을 만나게 돼 있어요. 3학년부터 영어 수업을 하기 때문에 우리 아이들이 적어도 3학년은 돼야 수업에서 정식으로 만날 수 있지요.

D-Day 19

도서실에서 책을 읽어요

모든 학교에는 크든 작든 도서실이 있어요. 초등학교, 중학교, 고등학교 모두 마찬가지예요. 물론 대학교에도 큰 도서관이 있지요.
초등학교 도서실에는 아이들이 즐겨 읽는 동화책, 만화책, 위인전, 과학책, 철학책, 역사책 등 온갖 책들이 다 있어요. 책을 좋아하는 아이라면 유치원 때와 다르게 엄청나게 많은 책을 읽을 수 있어서 도서실을 사랑하는 아이도 많아요.
많은 수는 아니지만, 학교에 사서교사가 있는 경우도 있어요. 사서선생님이 있다면 좀 더 전문적인 독서교육과 도서관 이용교육을 받을 수 있지요. 하지만 초등학교에는 이런 사서선생님들이 많지 않아요. 대부분 학교에서는 사서선생님이 아닌 학부모가 사서도우미로 활동한답니다.

무엇이 필요할까요?

사서도우미는 학부모가 직접 신청하고, 연중 또는 학기별로 나눠서 활동하는데 이때 적은 액수지만 교통비를 지급하기도 한답니다. 아이들이 도서관에서 어떤 식으로 책을 읽고 고르고 빌려 가는지 궁금하다면 이 학부모 사서도우미를 신청해 활동하면 아주 좋겠지요.
도서실에서는 특별히 조용히 해야 해요. 가끔 도서실에서 너무나 소란스럽게 뛰어다니면서 노는 아이도 있는데요. 공중도덕을 가장 잘 지켜야 하는 곳이 바로 도서실이랍니다. 모든 사람이 집중해서 책을 읽고 있는데, 나 혼자만 아무렇지 않게 뛰어다니고 소리 지른다면 그건 너무나 실례겠지요.

도서실 예절, 이렇게 지도해요

- **떠들지 않기**

  책 읽는 친구들에게 방해되지 않게 조용히 해야 해요.

  뛰다가 날카로운 책장 모서리에 다칠 수도 있으니 천천히 움직여요.

- **도서관 책을 소중하게 다루기**

  책에 낙서하거나 찢으면 다른 친구들은 볼 수 없어요. 내 물건처럼 소중히 다뤄요.

- **책을 제자리에 정리하기**

  아무 곳에나 꽂아두면 다른 친구들이 책을 찾을 수 없어요. 제자리를 모른다면 책수레 위에 올려둬요.

D-Day 18

숫자를 따라서 써요

수를 세고, 사물을 가르고, 모으고 하는 활동을 했다면 숫자를 따라서 써보면 좋아요. 숫자에 관심을 더 많이 가질 수 있고, 연산을 시작할 수도 있거든요. 아직 정교한 소근육 활동이 서툴다면 커다란 네모 칸에 숫자를 쓰고, 네모 칸을 점점 줄여가는 식으로 도와주세요.

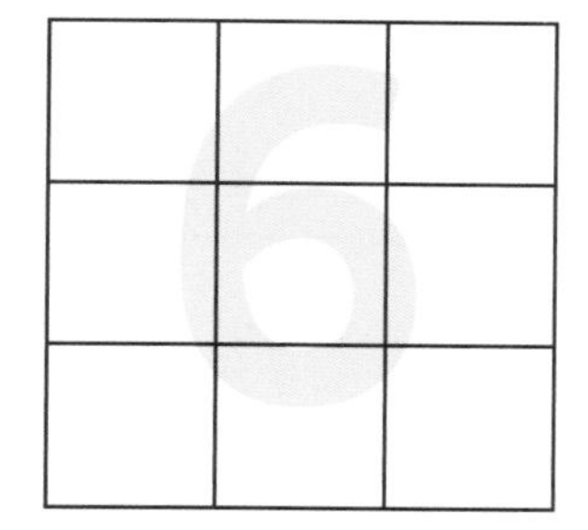

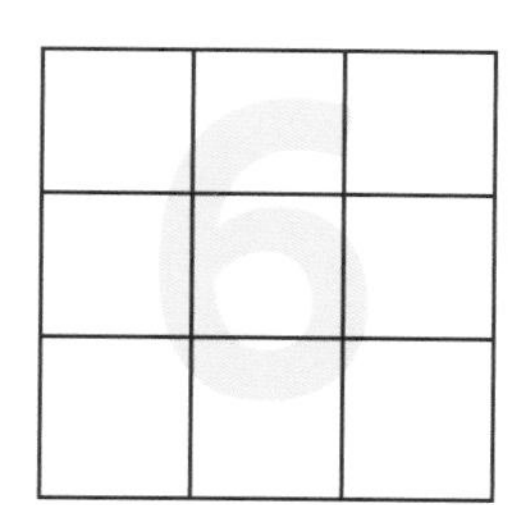

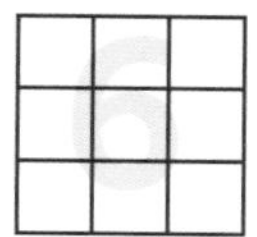

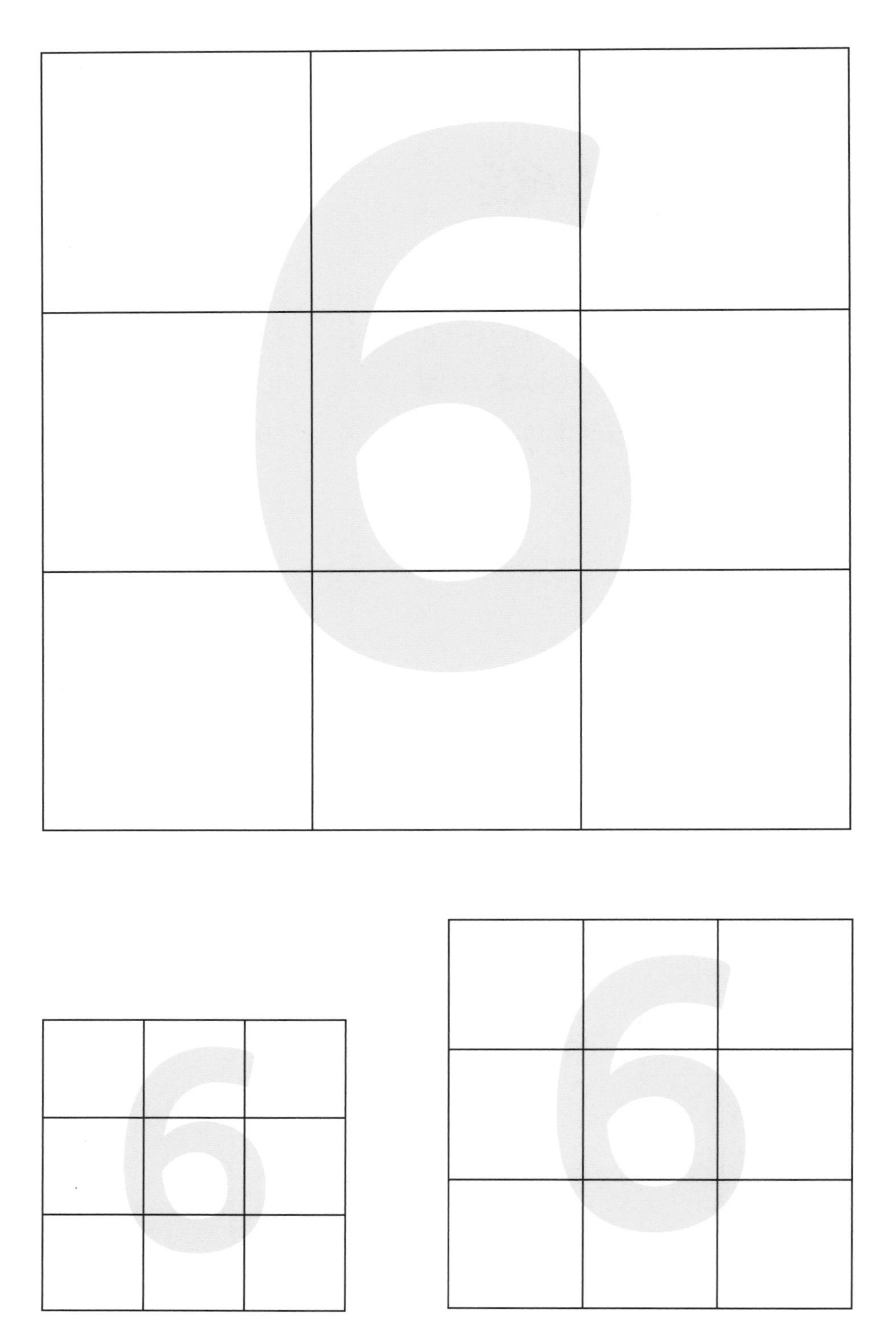

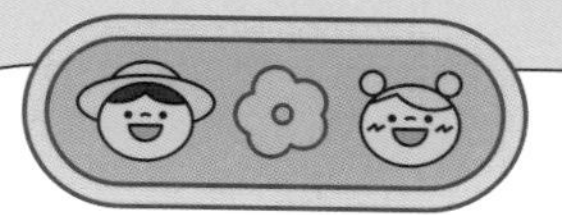

D-Day 17

수 가르기를 해요

연산의 가장 기본 개념은 수 모으기와 수 가르기입니다. 초등학교 1학년 수학과 교육과정에서 매우 중요하게 다루는 개념이지요. 이 수 모으기와 수 가르기를 수없이 반복하고 익숙해질 때까지 연습해야 비로소 간단한 연산도 할 수 있게 되기 때문이에요. 더하고 빼고 곱하고 나누고 하는 사칙연산이 바로 수 모으기와 수 가르기에서 시작된다는 점 꼭 기억해 주세요.

무엇이 필요할까요?

구체적인 조작물을 가지고 수를 가르거나 모으는 활동을 해보세요.
바둑알이나 콩알을 가지고 해도 좋고, 아이들이 좋아하는 사탕이나 젤리를 가지고 해도 좋아요. 열 손가락 안에 들어가는 수를 모으거나 가르는 활동을 계속해서 반복한다고 생각하면 됩니다.
준비하는 사탕이나 젤리는 다 합해서 열 개가 넘어가지 않아야 해요. 우리나라의 1학년 수학과 교육과정에서는 9까지의 수를 모으거나 가르는 것을 목표로 하거든요. 이 9까지의 수를 가르고 모으고 하는 활동을 꾸준히 반복해 주세요.

준비물 : 바둑알, 콩알, 사탕이나 젤리 등 구체적 조작물, 스케치북이나 다른 A4 용지

① 엄마와 아이가 함께 가지고 있는 사탕의 수를 셉니다.
② 이때 입으로 크게 소리 내면서 사탕을 하나씩 세어요. 입말로도 익숙해져야 수를 이해하는 개념이 더 빨리 자리잡혀요.

③ 사탕을 하나씩 바구니에서 꺼내 준비한 종이에 내려놓는 식으로 수를 셉니다.

④ 꺼낸 사탕을 다양하게 나누어봐요.

예) 4개와 5개, 6개와 3개, 2개와 7개, 1개와 8개 등

⑤ 숫자를 종이에 써보게 해요.

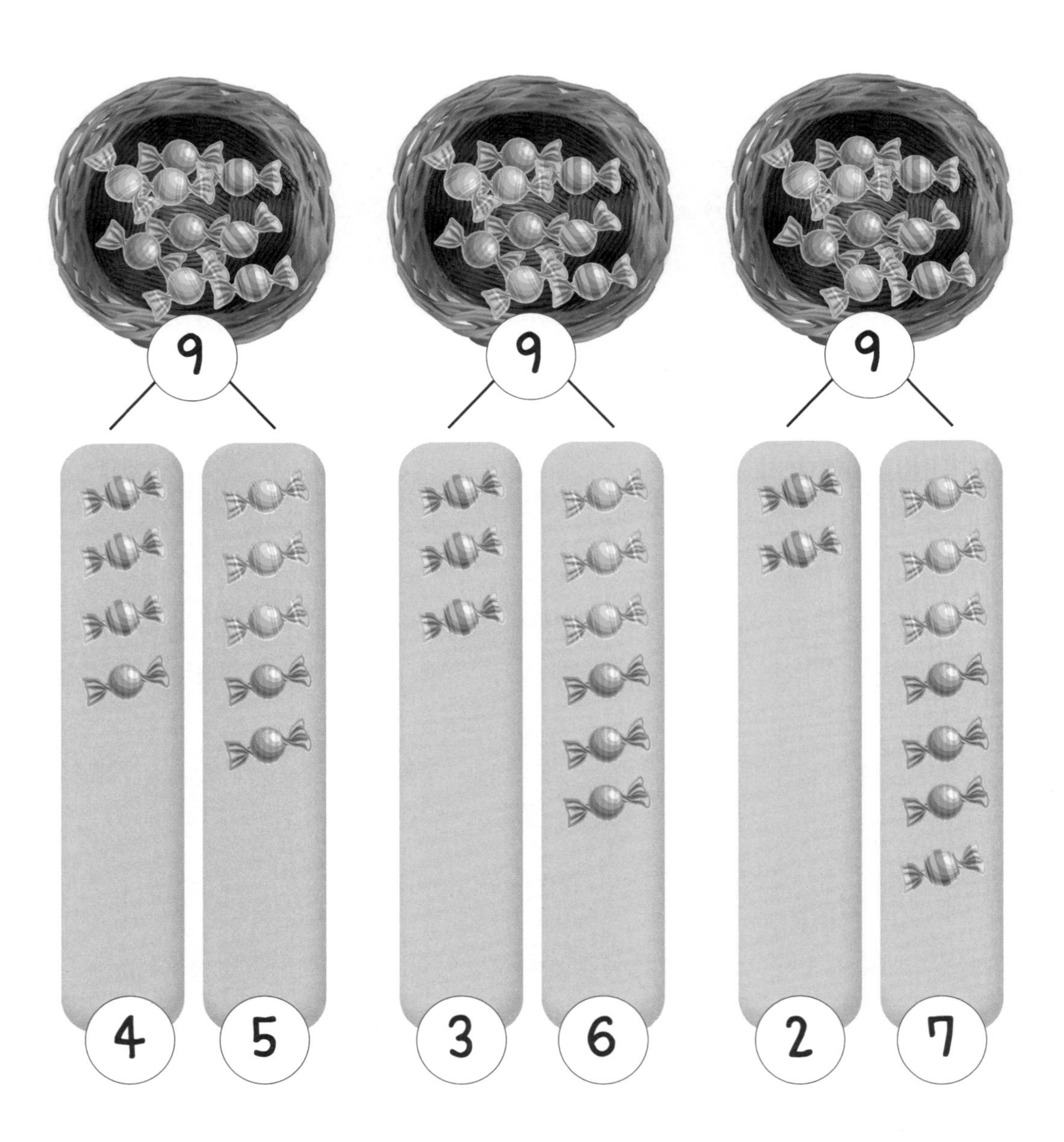

D-Day 16

수 모으기를 해요

앞에서 수 가르기를 했던 활동과 똑같아요. 수를 모으는 활동으로만 바꿔주면 돼요.

무엇이 필요할까요?

준비물 : 바둑알, 콩알, 사탕이나 젤리 등 구체적 조작물, 스케치북이나 A4 용지

① 엄마와 아이가 함께 가지고 있는 사탕의 수를 큰 소리로 세어요.
② 사탕을 하나씩 바구니에서 꺼내서 준비한 종이에 내려놓으면서 수를 셉니다.
③ 꺼낸 사탕을 다양하게 모아봐요.
예) 4개와 5개, 6개와 3개, 2개와 7개, 1개와 8개 등
④ 숫자를 종이에 써보게 해요.
⑤ 말로도 꼭 설명해 보게 하세요.
예) "젤리 4개와 젤리 5개를 모으면 9개가 돼요."

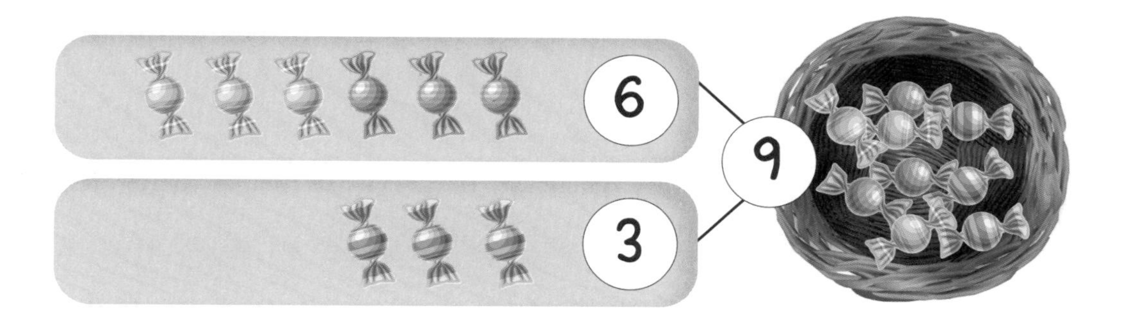

D-Day 15

한글 교육, 어떻게 하지요?

아이의 초등학교 입학을 앞둔 학부모로서 걱정되는 것 중 하나가 한글 교육이지요. 한글을 가르쳐야 하나, 말아야 하나, 저절로 깨치는 건 아닌가, 나도 어릴 때 어쩌다 보니 한글을 깨쳤는데 내 아이도 그런 건 아닐까 등등 여러 가지 궁금하고 고민되실 겁니다.
저도 자녀들을 초등학교에 입학시킬 때 집에서 한글을 가르쳐야 하는지, 가르친다면 어디까지 가르쳐야 하는지, 고민했었던 터라 학부모들이 어떤 고민을 하고 있을지 잘 안답니다.

실제로 저희 큰아이는 한글을 아예 안 가르치고 이름 석 자만 쓰는 실력으로 초등학교에 갔고, 작은아이는 입학 직전 한두 달 정도 한글을 가르쳐서 학교에 보냈습니다. 두 아이는 어떤 생활을 했을까요?
큰아이는 글자를 더듬거리면서 읽을 줄은 알아도 쓸 줄은 전혀 몰랐습니다. 학교에서 받아쓰기 시험을 볼 때마다 여간 힘든 게 아니었지요. 반면에 작은아이는 자신감이 붙은 상태로 학교에 갔고, 받아쓰기 시험이나 교과서를 읽어야 할 때마다 전혀 어려움이 없었답니다.
실제로 한글을 잘 모르면 학교에서 어떤 어려움을 겪는지 큰아이를 보면서 많이 느꼈지요.

무엇이 필요할까요?

우리 아이의 한글 교육은 언제 해야 할까요?
글자를 가르치는 일을 너무 서두르면 아이의 뇌가 준비되어 있지 않아서 효과를 거두기 어렵고, 가르치는 일을 너무 미룬다면 학교에 가서 어려움을 겪습니다. 제 두 아이가 그랬던 것처럼요.
입학 직전 몇 달 정도 시간을 두고 하나씩 천천히 연습하고 또 반복하면 됩니다. 충분히 가정

에서도 지도할 수 있어요.

전문가들의 연구 결과에 따르면 아이의 뇌는 글자를 읽을 때까지 준비하는 시간이 필요하다고 해요. 인간의 뇌는 기본적으로 말하고 듣는 뇌는 가지고 태어나지만, 읽는 뇌는 훈련을 통해 만들어지기 때문이에요. 오랜 시간 언어 경험이 쌓여야 하고, 뇌가 통합적으로 기능할 수 있을 만큼 준비가 되어야만 글자를 읽을 수 있지요. 이런 까닭에 만 7세까지 읽기 교육을 엄격하게 금지하고 있는 나라들도 있답니다.

교육부는 학교에서 한글 교육을 책임져야 한다면서 해마다 한글 책임교육을 강조합니다. 하지만 담임교사들이 느낄 때는 그렇지 않습니다. 2017년 한국교육과정평가원이 전국 초등학교 1학년 담임교사(405명)와 학부모(1,026명), 장학사(130명) 등 1,561명을 대상으로 설문조사한 결과, 한글을 전혀 읽지 못하는 학생도 학교 수업만으로 깨칠 수 있다고 답한 교사가 조사 대상의 10.6%였습니다[1]. 교사들도 학교 수업만 해서는 힘들다고 생각한다는 뜻이지요.

1) https://www.sedaily.com/NewsView/1OM81Y7IWA 교사 10%만 "초등 1학년 학교 수업만으로 한글 해득", 서울경제 기사 인용

D-Day 14

한글은 어떻게 익혀야 할까요?

제가 《초등공부, 독서로 시작해 글쓰기로 끝내라》 책에서 부록으로 소개했던 한글 가르치는 방법을 소개해 드릴게요.
한글은 자음을 먼저 가르치냐, 모음을 먼저 가르치냐 많은 이야기가 있습니다. 둘 중 어느 것을 먼저 가르치냐가 중요한 것은 아니에요. 자음이냐, 모음이냐보다 더 중요한 것은 한글이 어떻게 만들어진 글자인지 원리를 이해하는 것이에요.

한글은 말소리를 기호로 나타낸 표음문자예요. 우리말에서 나는 소리를 한글이라는 글자로 옮겨놓았지요. 세종대왕은 한글을 세상에 처음 알렸을 때 '나랏말씀이 중국과 달라서, 글자와 서로 맞지 않아서 한글을 만들었다'라고 훈민정음해례본에 적었어요. 쉽게 말하면 평소 우리가 쓰는 말과 글이 달라 백성들이 힘들어하니까, 왕이 이를 불쌍히 여겨 새 글자를 만들었다는 거예요.

무엇이 필요할까요?

소리를 글자로 나타낸 한글이기 때문에 한글을 깨치려면 당연히 글자의 소리를 알아야 합니다. 즉, 글자와 소리의 대응 관계를 외워야 합니다. 'ㄱ은 [그] 하고 소리가 난다', 'ㅏ는 [아] 하고 소리가 난다'처럼 소리 나는 원리를 알아야 합니다. 즉, 글자와 소리의 대등을 분명하고 깔끔하게 외워야 해요.
그렇다면 이 글자를 외우는 데는 시간이 얼마나 걸릴까요? 한글을 만들었던 세종대왕은 마찬가지로 훈민정음해례본에 '아무리 우매한 자라도 열흘이면 깨칠 수 있다'라고 적었어요. 한글 반포 전에 이렇게 저렇게 실험해 보니, 이 한글이란 글자들은 외우고 익히는 데 열흘이면 되더라, 이런 뜻이죠. 누구나 쉽게 익힐 수 있는 글자란 뜻으로 이해하면 되겠지요.

한글은 낱글자인 자음이 ㄱㄴㄷㄹㅁㅂㅅㅇㅈㅊㅋㅌㅍㅎ 14글자입니다. 아이든 어른이든 외국인이든 한글을 깨치려면 이 14글자를 반드시 외워야 해요. 모음은 ㅏㅑㅓㅕㅗㅛㅜㅠㅡㅣ 10글자입니다. 마찬가지로 이 10글자 모두 외워야 합니다.
여기에 복합자음 5개(ㄲ ㄸ ㅃ ㅆ ㅉ)와 복합모음 11개(ㅐ ㅒ ㅔ ㅖ ㅘ ㅙ ㅚ ㅝ ㅞ ㅟ ㅢ)까지 추가하면 한글 자음 모음 개수는 총 40개가 된다는 것도 꼭 기억하기 바랍니다.
당연히 글자를 한두 번 보는 걸로는 안 되겠죠. 보고 또 보고, 읽고 또 읽고, 듣고 또 듣고 하면서 수없이 반복해야 해요. 이 모든 것이 언어 경험으로 쌓이기 때문에 글자를 빨리 깨치도록 하려면 부모님이 옆에서 책을 자주, 많이, 친절하고 부드럽게 읽어주고 설명해 주고 차근차근 알려주어야 합니다.
자음과 모음 글자들이 소리와 함께 외워질 때까지 쉽고 재미있게 다양한 방법으로 반복해 주세요. 그것만이 한글을 깨치는 가장 빠르고 효과적인 방법이랍니다.

D-Day 13

한글 자음을 익혀요

한글 자음과 소리값을 함께 익히면서 아래 빈칸에 자음을 써보세요.

한글 자음

ㄱ	ㄲ	ㄴ	ㄷ	ㄸ	ㄹ	
기역	쌍기역	니은	디귿	쌍디귿	리을	
ㅁ	ㅂ	ㅃ	ㅅ	ㅆ	ㅇ	
미음	비읍	쌍비읍	시옷	쌍시옷	이응	
ㅈ	ㅉ	ㅊ	ㅋ	ㅌ	ㅍ	ㅎ
지읒	쌍지읒	치읓	키읔	티읕	피읖	히읗

기역	쌍기역	니은	디귿	쌍디귿	리을	
미음	비읍	쌍비읍	시옷	쌍시옷	이응	
지읒	쌍지읒	치읓	키읔	티읕	피읖	히읗

D-Day 12

한글 모음을 익혀요

한글 모음과 소리값을 함께 익히면서 아래 빈칸에 모음을 써보세요.

한글 모음

ㅏ	ㅐ	ㅑ	ㅒ	ㅓ	ㅔ	ㅕ
아[a]	애[ae]	야[ja]	얘[jea]	어[ʌ]	에[e]	여[jʌ]
ㅖ	ㅗ	ㅘ	ㅙ	ㅚ	ㅛ	ㅜ
예[je]	오[o]	와[wa]	왜[wae]	외[we]	요[jo]	우[u]
ㅝ	ㅞ	ㅟ	ㅠ	ㅡ	ㅢ	ㅣ
워[wʌ]	웨[we]	위[wi]	유[ju]	으[i]	의[ij]	이[i]

아[a]	애[ae]	야[ja]	얘[jea]	어[ʌ]	에[e]	여[jʌ]
예[je]	오[o]	와[wa]	왜[wae]	외[we]	요[jo]	우[u]
워[wʌ]	웨[we]	위[wi]	유[ju]	으[i]	의[ij]	이[i]

D-Day 11

한글 자음을 따라 써봐요

초등학교 1학년이 되면 교과서에서 배울 한글 자음을 미리 익히고 따라 써보세요.

가지					
나비					
다리					
라면					
마루					
바다					
사랑					
아빠					
자전거					
차표					

D-Day 10

한글 자음을 따라 써봐요

초등학교 1학년이 되면 교과서에서 배울 한글 자음을 미리 익히고 따라 써보세요.

카레					
타조					
파랑					
하늘					
교실					
노루					
두더지					
리본					
미소					
베개					

D-Day 9

한글 자음을 따라 써봐요

초등학교 1학년이 되면 교과서에서 배울 한글 자음을 미리 익히고 따라 써보세요.

소문					
오리					
조랑말					
초대					
커피					
태권도					
포도					
허리					
구슬					
눈물					

D-Day 8

한글 자음을 따라 써봐요

초등학교 1학년이 되면 교과서에서 배울 한글 자음을 미리 익히고 따라 써보세요.

동화					
리듬					
문제					
부모					
시간					
어린이					
준비물					
처음					
코끼리					
토요일					

D-Day 7

한글 모음을 따라 써봐요

초등학교 1학년이 되면 교과서에서 배울 한글 모음을 미리 익히고 따라 써보세요.

아기					
야호					
어머니					
여자					
오이					
요리사					
우유					
유자					
으아앙					
이빨					

D-Day 6

한글 모음을 따라 써봐요

초등학교 1학년이 되면 교과서에서 배울 한글 모음을 미리 익히고 따라 써보세요.

가족					
갸우뚱					
거리					
겨울					
고구마					
교실					
구두					
규칙					
그림					
기분					

D-Day 5

숫자를 따라서 써요

초등학교 1학년이 되면 교과서에서 배울 숫자를 미리 익혀 보세요.

1				11			
2				12			
3				13			
4				14			
5				15			
6				16			
7				17			
8				18			
9				19			
10				20			

D-Day 4

나의 이름을 예쁘게 써보세요

D-Day 3

우리 학교 이름을 예쁘게 써보세요

				초	등	학	교

D-Day 2

우리 집 주소를 읽고 써보세요

우리 집 주소는

______시______로______아파트______동______호입니다.

______시______로______-______입니다.

D-Day 1

우리 가족 이름을 읽고 써보세요

아빠 이름			
엄마 이름			
동생 이름			
언니 (형) 이름			

D-Day !

초등학교 입학식 전날
아이의 모습을 사진으로 남겨보세요

사랑스러운 우리 아이, 초등학교 입학식 전날은 어떤 모습인가요. 설레고, 떨려 하고, 걱정도 되겠지요? 하지만 100일 동안 엄마와 아이가 함께 준비해온 만큼 당당하고 멋진 모습으로 초등학교에 입학할 수 있을 거예요. 아이와 함께 사진으로 오늘의 모습을 남겨보세요.

칭찬 스티커를 붙여보세요!

《초등입학 데일리북》은

엄마의 지도 속에 아이가 100일 동안

매일 작은 성취를 이뤄가도록 돕는 책이에요.

아이가 작은 일이라도 잘 따라오고 해낸다면, 그때마다 많이
칭찬해 주면서 스티커를 한 장씩 붙여주세요.
어느새 100개의 동그라미가 칭찬 스티커로 가득 찰 거예요!

하루 한 장! 엄마와 아이가

함께 준비하는 100일 완성 프로젝트

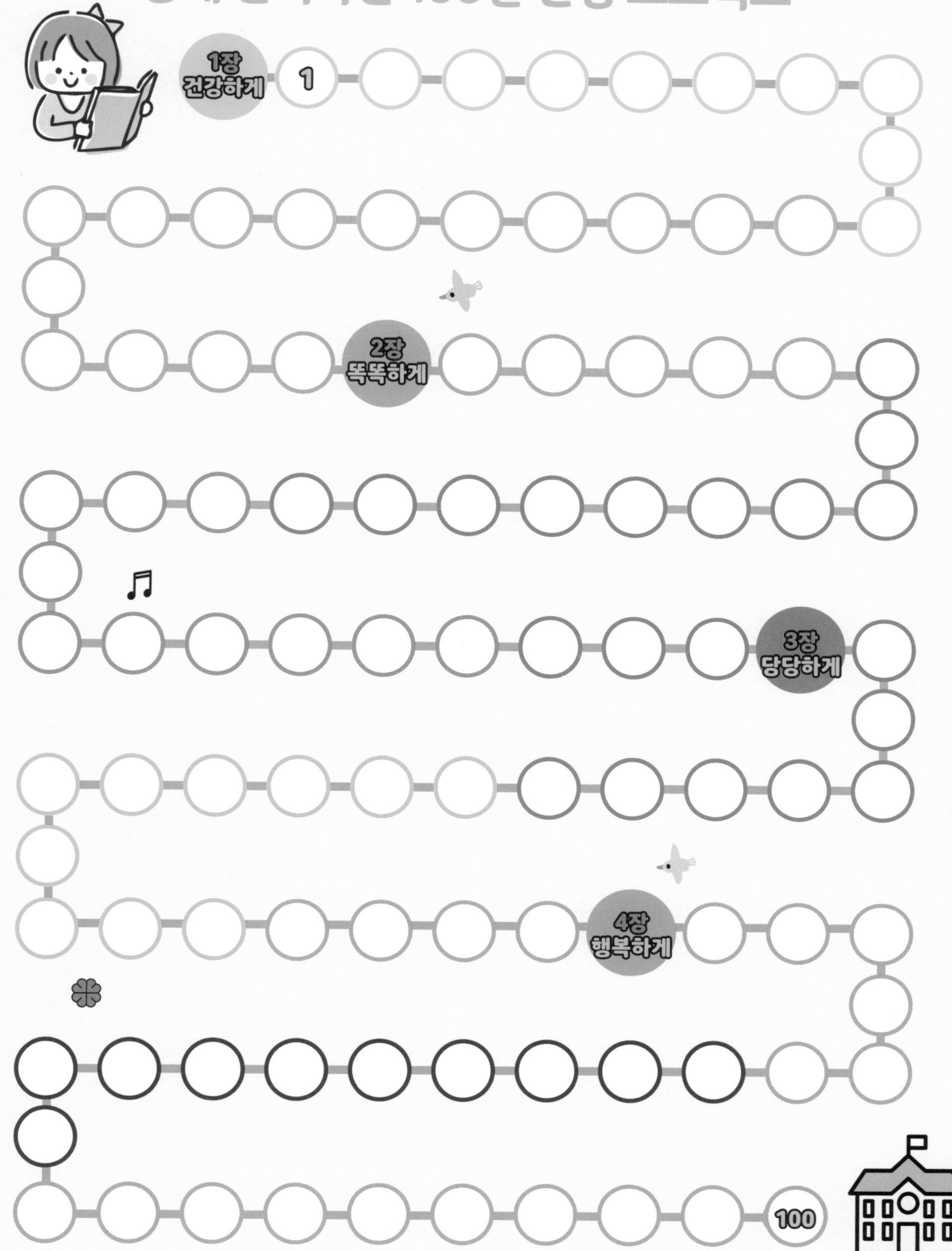

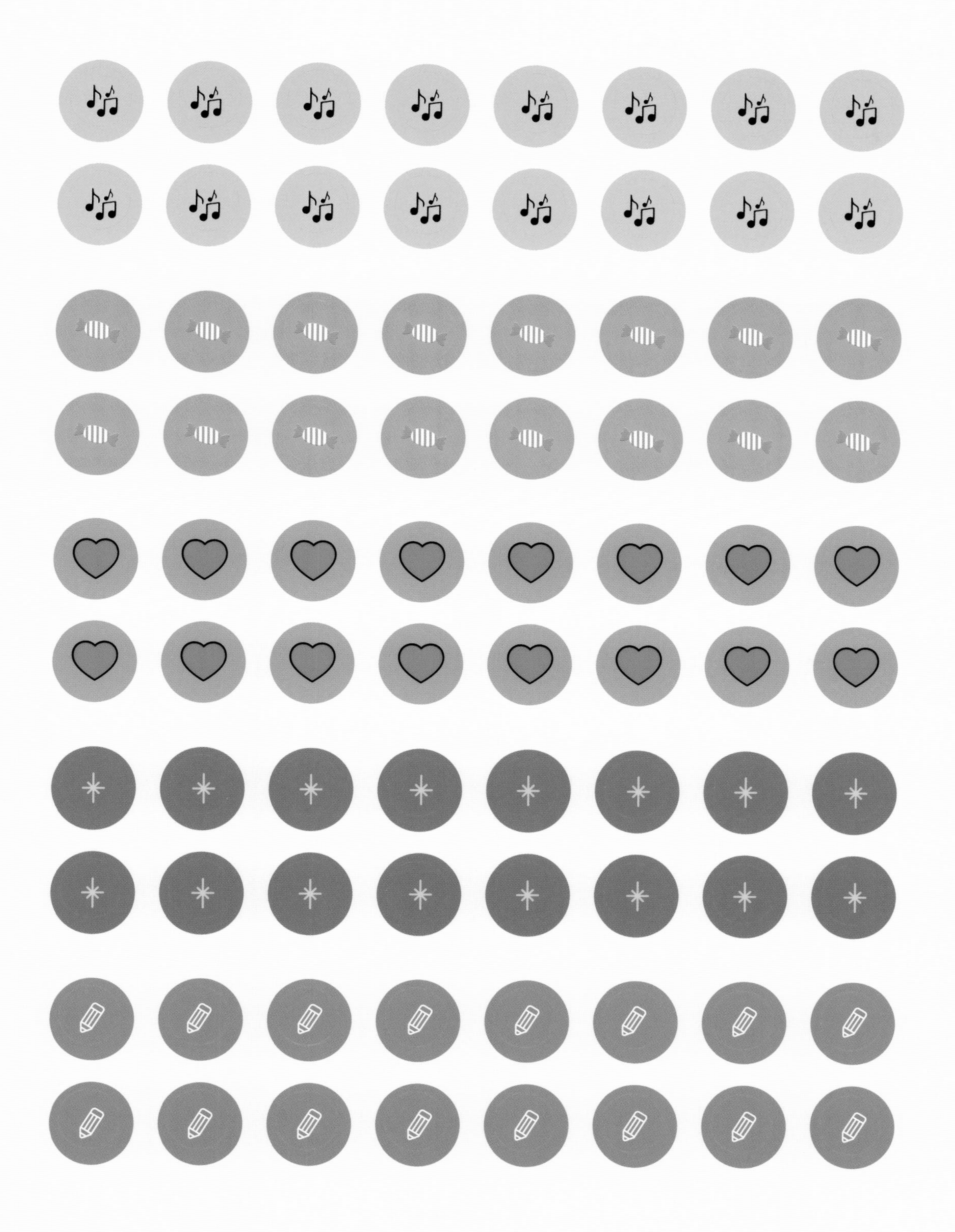

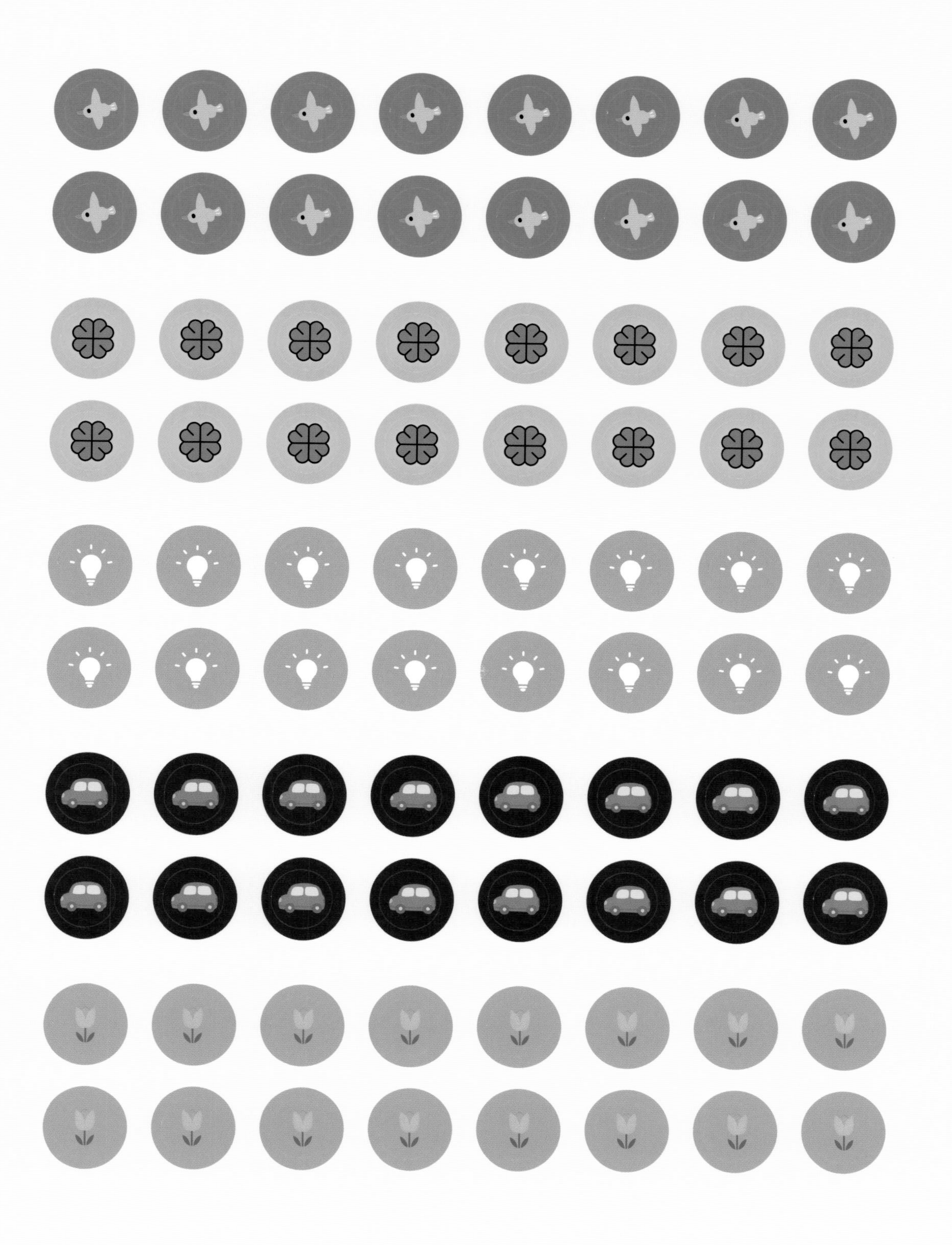